U0051531

一位思考

猿渡 步 著
王蘊潔 譯

1位思考
後発でも圧倒的速さで成長できるシンプルな習慣

後來居上，成為職場 No.1 的高成長習慣

前言

很好奇拿起本書的讀者，是什麼樣的人？

「我希望持續自我成長，成為一流人才。」

「希望公司能夠順利成長，成為業界龍頭企業。」

是像這樣積極進取的人嗎？還是有以下這種想法？

「即使成為佼佼者，到底有什麼意義？」

「即使我現在開始努力，也不可能成為冠軍。」

無論你是哪一種人，我都相信當你看完這本書，想法會發生很大的改變。

本書將**公開成為第一名的快樂**，**以及即使晚起步，也可以成為業界翹楚的方法，而且都是具有可複製性的成功經驗**。

我是猿渡步，目前是安克集團（安克創新科技集團）的日本子公司安克日本

（安克Japan）株式會社的社長CEO。

安克創新集團是以世界充電器品牌「安克」、音頻品牌「Soundcore」、智慧家居品牌「Eufy」，和智慧娛樂投影機品牌「Nebula」為中心，進軍美國、日本和歐洲等全世界超過一百個國家的硬體設備製造商。

二〇一三年一月，安克日本在一棟不起眼的住商大樓角落誕生了。

第一年度的營收大約九億日圓，到了八年後的二〇二一年，**年度營收達到了三百億日圓**，行動電源和充電器商品成為了**日本電商市占率第一名**[1]。

安克日本進軍了被稱為「3LOW」（三低）[2]的艱困市場。

我們靠著電池和充電器這些生活必需品打入市場，成長為市占率第一名的品牌。

安克日本為什麼能夠在作出「困難選擇」的情況下，仍然在市場上持續獲勝？

「1位思考」，就是解開這個秘密的關鍵字。

「1位思考」是即使起步比別人晚，也能夠逆轉成為第一名的思考方法。

從商務人士到經營者都可以運用這種思考方法，還可以運用在運動和興趣愛好等廣泛的領域。

事實上，我除了是自家公司的經營者以外，還協助其他多家公司的經營（擔任獨立董事和顧問），我在那些公司也複製了「1位思考」，並且獲得了成果。

成為第一是一件快樂的事。

隨著公司的產品越來越豐富，公司產品的市占率領先業界後，我發現看到的風景，和憑自己的能力能夠做到的事，都和以前完全不一樣了。

如果公司的業績在第二名之後，在經營策略的問題上，一定會意識到第一名的公司，想法和經營戰略很容易變成如何才能贏過第一名。

1. 原註：資料來源，全球市場研究公司歐睿國際（Euromonitor International Ltd.）。以二〇二〇年零售總金額為基礎，在二〇二一年十一月進行調查所得到的結果。行動電源品牌的定義為，零售業績超過75％以上來自手機行動電源產品的品牌。行動電源充電類商品包括充電器、無線充電器、行動電源和充電線，這些產品也可以用於其他家電產品。

2. 原註：Low Passion ＝消費意願低、Low Recurring ＝低回購率、Low Average Selling Price ＝平均銷售價格低。

但是，一旦成為第一名，就可以思考身為領導品牌，如何將業界整體的餅做大。

於是，就能夠在更上一層樓、兩層樓的風景中，瞭解業界整體的狀況，思考業界整體該如何進化，推出客戶滿意的商品和服務。

能夠有更多時間思考這些問題，無疑是最快樂的事。

我想大聲告訴大家的是，「並非只有少數天才才能夠得第一」。

即使晚起步，也完全可以挽回劣勢，人人都有機會。

我在二十七歲時，完全搞不清楚狀況，就進入了安克日本這家公司。

大學畢業後，我先進入一家顧問公司任職，之後又在私募股權基金（Private Equity Fund）[3]工作，最後才進入外資企業（安克日本）。

觀察我的周圍，很少有像我這種資歷的人。

但是，我並不是天才，我將在書中提到，其實我在考大學時失敗了。

在顧問公司和基金公司任職期間，遇到很多比我更優秀的人。

和他們相比，我只不過是一個再平凡不過的普通人。

正因為如此，我努力實踐自己在業界努力打拚過程中所累積的「1位思考」，才能夠在二十七歲進入安克這家外資企業，在三十三歲時，成為安克創新集團內年紀最輕的董事，在三十四歲時，成為安克日本的社長CEO。在我進公司之後，公司的業績也持續成長（見下頁圖表1）。

本書將介紹六大簡單的習慣，只要掌握這些習慣每個人都有機會奪第一。

這六大習慣就是：

1 整體優化的習慣

2 創造價值的習慣

3 學習的習慣

4 因式分解的習慣

5 對1%精益求精的習慣

6 偷懶的習慣

3.編註：指對任何一種不能在股票市場自由交易的股權資產之投資。機構投資者（例如官方養老資金池、保險公司）可能會投資私人股權投資基金，然後交由投資公司管理並投向目標公司。

圖表 1　安克日本的業績變化

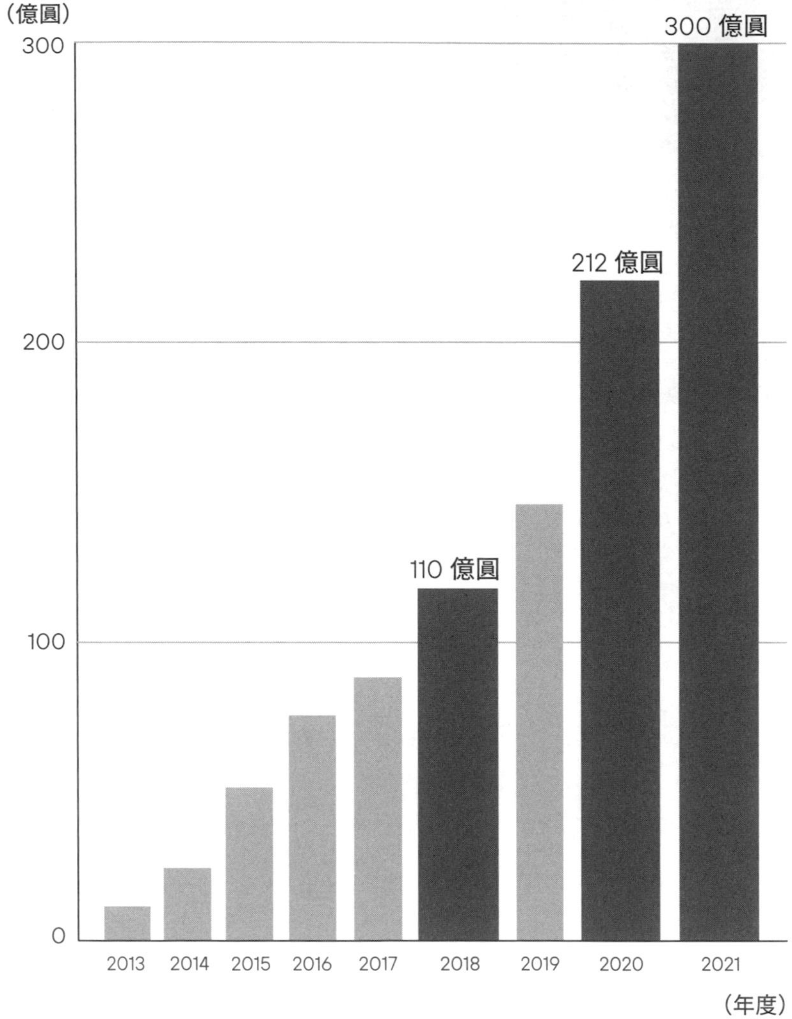

成果公式

$$\text{成果} = \frac{\text{輸入} \times \text{思考次數} \times \text{試錯次數}}{\text{時間}} \times \text{使命} \times \text{價值}$$

從「成果公式」中可以發現，當公司的所有成員都能夠提升成果，公司就能夠稱霸業界。

當成員發揮實力，公司就能夠獲得成長。一旦公司獲得成長，公司的成員就會有更強大的實力。我所定義的「成果公式」所代表的意義非常簡單易懂。

想要提升成果，就必須充分思考，多採取行動，同時還要追求速度。

但是，光這樣還不行，「**使命×價值**」代表了**以上這些努力是否適合組織的文化**。

如果是個人進行某個案子，或是創業的人，可以思考自己的使命和價值，朝向完成目標邁進，但是大部分的人都是組織的一分子。

在組織中想要有所成果，組織成員就必須對組織的使命和價值產生共鳴，這種共鳴可以成為作出成果的熱情。

本書的結構如下：

第一章「**整體優化的習慣**」，就是組織內所有成員都養成思考「什麼是對公司的最佳選擇」的習慣。

所有組織成員日常所做的工作，必須是對公司而言的最佳選擇，但是很少有人意識到「整體優化」這個問題。

整體優化的習慣是**六大習慣的基礎**，是否能夠隨時意識到這件事，將會導致工作的結果產生**決定性的差異**，因此希望所有商務人士都有機會閱讀這個章節的內容。

第二章「**創造價值的習慣**」，就是自己的加入，能夠增加附加價值。如果每天能夠成長0.01（1％），一年後，將會相差37.8倍（請見第59頁）。

但是，必須隨時確認行動的方向性。

如何才能夠在提升具有自己特色的價值同時，讓個人和企業都得到成長？我將運用自己在「顧問公司×基金公司×製造商」所培養的獨特觀點來解析這個問題。

第三章的「**學習的習慣**」，則是在磨練輸入能力和地頭力的同時，思考如何才能提升輸出的品質，我將從自己學習方法的觀點，思考學習（learning）和忘記過去所學的反學習（unlearning），以及在掌握技能時，要如何成為倒 T 型和倒 π 型人。

第四章「**因式分解的習慣**」中，凝聚了我透過將棋和經營所培養的因果關係和相關關係、假設性思考和回溯思考、速度感的養成，以及「非合理的合理」等我平時也會和員工分享的精華。

第五章「**對1%精益求精的習慣**」，將會提到對已經完成了99%的工作，如何走完最後一哩路，對最後的1%精益求精的訣竅。要實踐這個訣竅並非易事，我起初也無法做到。

但是，在每天和產品、客戶、員工接觸的過程中，我終於想到了具有可複製性的方法。安克日本能夠達成使命的理由，可以簡單歸納為「好產品×好組織」。因此，無論在製造產品和建立組織的問題上，都要精益求精，追求極致。

完成工作並不是才能，只要有意志，任何人都可以完成。

像我一樣的普通人和天才對抗的最佳手段，就是絕不放棄。

第六章「**偷懶的習慣**」中，將介紹巧妙擺脫「感覺自己工作很努力」這個惡魔，消除大腦疲勞。一旦消除大腦的疲勞，靈感就會浮現，打開成長加速度的開關。努力工作時，經常會發生搞錯手段和目的的情況。要學會適度偷懶，朝向最終目的地邁進。

只要逐一掌握這六大習慣，你將可以獲得巨大成長，在這個過程中，持續作出驚人的成果。無論你個人還是公司，都會獲得很大的成長，都能夠成為努力追求的第一名。

現代社會中，前途一點都不明朗，也很難預測未來，即使在這樣的環境中，你也一定能夠提升個人的市場價值。以前，只要進入大企業，就可以一輩子安穩過日子，但是，現在不一樣了。

既然公司無法保護你，你必須馬上學會「1位思考」。一旦掌握了「1位思考」，從此不需再為生活發愁，還能夠更上一層樓。

無論活到幾歲都可以持續挑戰，一旦放棄挑戰，就等於在後退。

希望各位和我一起邁向卓越。

本書是我的第一本書。

安克日本和同業相比，雖然起步得比較晚，如今卻能夠成為市占率第一名的公司。曾經是無名小卒的我，如今也成為年度營收三百億日圓的企業代表，所有這些成果，都是拜這六個習慣所賜，所以我將毫不藏私地在書中公開這些簡單的習慣。

無論你幾歲，無論是誰，看完這本書，一定可以看到顛峰的景色。

你一定能夠靠自己改變人生。

安克日本株式會社 社長CEO／**猿渡 步**

二〇二二年十一月吉日

目錄

contents

Chapter 1

整體優化的習慣 023

❶ 團隊目標勝於個人目標，公司目標比團隊目標更重要 024

我最重視的習慣 024
對公司整體而言的最佳選擇 026
「那不是我的工作」是禁句 027
重視「第一線的手感」 028
保持不輸的比賽和整體優化 030
如何在晚起步的情況下，在競爭激烈的市場稱霸？ 032
做麻煩的事，拉高加入門檻 034
逆勢開設直營門市的理由 036

❷ 團隊和職業沒有優劣之分 038

將90％提升為99.9％的整體優化習慣 038
因為人數少，才能夠發揮作用的《復仇者聯盟》 040
意識到「部門之間沒有優劣之分」，就可以打造強大的團隊 041

❸ 整體優化和三大價值 043

「合理思考」和「超越期待」的意義 043
只錄用符合「共同成長」這項價值的員工的理由 045
想像力是避免問題發生的有效方法 046

❹ 具有大局觀 049

將棋和經營的大局觀 049
判斷是否加入的兩大基準 051
「開始」容易「結束」難 052
對使命與價值的深度共鳴，決定了成敗的關鍵 054

Chapter 2

創造價值的習慣 057

❶ 讓所有行動都有「價值」 058
享受持續成長的樂趣 058
一年後，能夠成長37.8倍的人，和無法成長的人 059
迪士尼樂園永遠都是未完成狀態 061
產品永遠都是測試版 063
客服自製化的理由 065
如何找到只有自己才能創造的價值？ 066
我為什麼要參與所有的面試？ 068
❷ 別當傳聲筒，要成爲專案經理 070
傳聲筒和專案經理的決定性差異 070
擔任不同的職位，創造價值的方法也不同 072
把十億日圓的工作交給剛大學畢業、進公司才第一年員工的理由 073
卓越就是超出客戶的期待 075

Chapter 3

學習的習慣 077

❶ 輸入×地頭力＝輸出的品質 078
什麼是「輸入×地頭力＝輸出的品質」？ 078
有助於磨練輸入能力和地頭力的五本書 081
勤於思考，可以提升地頭力 084
測試應徵者地頭力的問題 085

建立「1位思考」的五大輸入法　086
考大學失敗和美國留學激發了我的不服輸性格　091
提升地頭力的自問自答　093
「為什麼會這樣？」——懷疑前提的人，和不懷疑前提的人　096

❷ 重複「學習」和「反學習」　097

反學習不可或缺的理由　097
晚起步企業的優勢　099
只要搞錯一個前提，結果就會完全不一樣　100
重摔一跤後，才瞭解到「反學習」的重要性　102
反學習的三個步驟　103
學習的習慣中，「虛心受教」很重要　105
自動反學習的方法　107
「小事也要堅持做到好」，是從失敗中站起來的思考方法　108

❸ 成為倒T型和倒π型的人　111

「倒T型人」和「倒π型人」受到矚目的理由　111
比起副業，更應該深入鑽研本業　113
如何成為專業×專業的「倒π型人」，提升市場價值　115
在精進專業的同時，拓展相關領域，就可以更深入　116

❹ 我的學習方法　119

將棋的棋譜有助於導向經營的成功模式　119
兩大必不可少的學問　121
四種「擠出時間、使用時間」的方法　123
讓生活和工作更充實　129

Chapter 4

因式分解的習慣　131

❶ 因式分解能力就是工作能力　132

笛卡兒關於分解的名言　132

MECE為什麼很重要？　134

因果關係和相關關係　136

「因式分解力」需要正確性和速度　137

為什麼第一手資料很重要？　139

分析時，傳統方式比高科技更有用　141

❷ 學會假設性思考　142

為什麼假設性思考很重要？　142

透過將棋磨練的直覺力和假設性思考　143

假設性思考可以大幅縮短時間　144

「先有假設，再蒐集資料」，可以迅速加快工作速度　147

假設性思考的廣告文案在直營門市大放異彩　148

除了定量資料，更要將定性資料作為武器　149

隨時進行假設性思考訓練　152

建立假設的七大武器　155

由自己人指導公司內部進修的理由　161

❸ 回溯思考　163

什麼是回溯思考？　163

和教授談判時，靈活運用了回溯思考的魔力　164

活用回溯思考，成功獲得公司錄取　167
回溯思考是領導者必須具備的看問題角度　168
放大格局，常識就會改變　170
如何才能提升觀點？　172

❹ **速度就是一切**　174
和最出色的成員在期限內完成最出色的工作　174
速度感＝決策的數量　176
把一年的履歷表變成三年的履歷表　178
提升工作速度的方法　179
團隊發展的「塔克曼模型」　181
性善說和速度感的相關性　185

❺ **非合理的合理**　187
什麼是「非合理的合理」？　187
領導者的本質是什麼？　189
我在留學時體會的「合理」和「非合理」　191
妥善運用右腦和左腦的方法　192
「只有三顆雞蛋的重量」這句文案誕生的秘密　193

Chapter 5

對1％精益求精的習慣　195

❶ **99％和100％不一樣**　196
雖然晚起步，但仍然躍居首位的原動力　196

「三木谷曲線」的教誨　198
持續累積對1%的精益求精　200
產品永遠最重要　201
提供三大價值　203
在官網上貼亞馬遜連結的理由　205
追求商品第一主義　209
打造品牌最重要的事　211
跨越鴻溝的方法　214

❷ **絞盡腦汁到極限**　217

只有「絞盡腦汁到極限的人」才能看到的東西　217
是否存在「懊惱」的晴雨表？　219
企業停滯不前的真正理由　220
絞盡腦汁到極限的經驗和「完成能力」　222

❸ **組織必須「向上看齊」**　225

成長意願會傳染　225
領導者的工作，就是整頓工作環境　227
人才決定了勝負　228
突破高標的體制　229
三大虛耗——「嫉妒」、「找理由」、「打腫臉充胖子」　231
持續累積小小的成功經驗　233

❹「整體優化」和「期待度及滿意度」 235
如何在優化意識不強的公司內普及整體優化？ 235
將整體優化和評價產生連結的方法 237
即使在同一家公司內，只要地點和人改變，就要改變必要的規定 238
具有整體優化意識的人能夠升遷的制度 240
調整「期待度」及「滿意度」的方法 241
從「員工滿意度調查」瞭解期待度和滿意度 243
改善「期待度高，但滿意度低的項目」的方法 244
新進員工和資深員工一起去吃午餐就免費 246

❺理所當然地做理所當然的事 247
Google「80／20法則」的教訓 247
把99.5％變成100％最重要的事 249
靈活運用運氣的必要條件 250

Chapter 6 偷懶的習慣 253

❶整天坐在辦公桌前沒有意義 254
偷懶有所得 254
名為「感覺工作很努力」的惡魔 256
遠距監視器是愚蠢至極的方法 257
眺望夜空，確認星星的位置 258

每週安排一天「無會議日」 260
靈光閃現的瞬間 262
「七小時」睡眠可以消除疲勞 263
傑夫・貝佐斯每天睡八小時的告白 264
智力是必要條件，體力是充分條件 265

❷ 懂得偷懶，才會有好結果 267

頭腦聰明並不一定能夠作出成果 267
「恆毅力」和偷懶有密切關係 268
目標太高，無法持續的時候怎麼辦？ 269
簡單的「習慣公式」 271

結語 273

卷末大放送：通過面試的十大秘訣 279
參考文獻 287

CHAPTER

1

整體優化的習慣

01 團隊目標勝於個人目標，公司目標比團隊目標更重要

我最重視的習慣

公司的業績，是公司所有員工能力的總和。

當公司所有員工都朝向相同的目標努力時，業績就會最大化，員工個人也能夠獲得極大的成長。

在工作上，我最重視「整體優化的習慣」。

團隊比個人重要，公司整體比團隊更重要。這是我在日常工作中，耳提面命地提醒員工的原則。

每個人通常會以達成個人的ＫＰＩ[4]為最優先，很容易陷入只要自己績效好，不管他人瓦上霜的思考方式。

但是，這種只掃自家門前雪，只追求個人或是自己部門的進步，不管他人瓦上霜的「部分優化」思考擴散，就會弱化整個組織，最後導致影響個人的成長。

在運動項目的團體賽中，如果有選手只追求個人表現，團體絕對無法贏得比賽。公司也一樣，一旦組織內出現「只要完成自己部門的ＫＰＩ就好」、「其他部門不關我的事」的氣氛，公司的成長就會鈍化。在這樣的組織內，也很難追求個人的成長。

一旦養成整體優化的習慣，就可以從經營者的立場、視野和觀點看問題，進而**加速成長**。雖然乍看之下以為繞了遠路，但其實**養成整體優化的習慣，在個人成長方面，也是邁向顛峰的最佳手段**。

解決問題時，需要從整體優化的角度思考。

因為只有從整體優化的角度思考，才能夠設定正確的問題。

在學校時，老師已經決定了學生必須解答的問題，但是在商場上，要由自己設定必須解決的問題。

4. 原註：Key Performance Indicators，關鍵績效指標。

在工作中，經常會發生設定了錯誤問題的情況。比方說，即使上司提出了「要如何安排廣告策略」的課題，如果目的是為了讓營收最大化，有時候可能在優化廣告策略之前，花時間「擴大銷售通路」，會更有效率，也更深入本質。

藉由整體優化的思考，磨練從經營者的角度看問題，就有能力思考上司所提出課題的真正目的，進而更迅速地解決本質性的課題。

因為這種思考方式，有助於強化在解決問題時非常重要的「假設性思考」（詳細內容請參考第四章）。

只要是商務人士，無論是任何職位，都必須建立整體優化的習慣。

對公司整體而言的最佳選擇

必須隨時從「**什麼是對公司整體而言的最佳選擇？**」這個角度思考問題。自己的工作和公司的最佳選擇密切相關。

一旦建立了「整體優化」的意識，工作的結果就會大不相同。

比方說，對財務部門而言，庫存過剩的狀態並不理想，但是對業務部門來說，一旦有充足的庫存，即使遇到追加的銷售機會，也可以隨時因應，因此是理想的狀態。

相反地，如果庫存只維持最低水準，雖然是財務部樂見的狀況，但是業務部門可能會失去追加銷售的機會。

在設定庫存量時，不要過度以某一個部門為優先，而是要讓利益相反的部門一起坐下來討論「真正必需的庫存量」。

如此一來，就可以促進各個部門為了達到共同的目標而相互合作，進而加速企業的成長。隨時保持見樹更要見林的態度，從大局進行判斷很重要。

「那不是我的工作」是禁句

哪些話是工作上的禁句？

我認為首推「**那不是我的工作**」這句話。

當初進入安克日本時，我擔任日本市場的事業部門總監，在初期階段，在架設官網的同時，也會去和家電量販店洽談，在處理宅配業務的同時，還要撰寫提供給媒體的新聞稿，還同時經營推特。

「我進這家公司明明是來當事業部門的總監，為什麼連宅配的事也要我來處理？」

如果當初有這種想法，就根本沒辦法做事。

並非只有在公司的創業期會遇到這種情況，平時也有無數工作都需要跨部署和部門進行。

遇到這種情況，不要認為「那不是我的工作」，只要具備「從整體角度思考，盡可能提供協助」的意識，除了公司，個人成長的速度也會迅速提升。

相反地，如果只考慮自己，改善的速度就會極度緩慢。

無論對新創公司還是大企業而言，需要的是哪一種思考的人顯而易見。

重視「第一線的手感」

安克日本的各部門之間的合作並非一直都很順暢。

之前曾經發現事業部門的工作團隊之間合作不夠緊密，對資料庫進行了雙重管理。

也曾經因為由事業部門掌握庫存資料，客服部門無法瞭解庫存狀況，導致無法及時為客戶提供服務。每次發現這種狀況，就會逐步推動跨部門共享資訊。

目前，我將以前做的大部分工作都交給各個團隊處理。

但是因為我從公司創立時開始，從一無所有的狀態開始，接觸過各項業務，所以目前仍然瞭解各項業務的重點。

在聽取有關廣告運用的報告時，我也能夠憑直覺表達「這個CPA[5]會不會太高了？」之類的意見。

憑直覺表達意見並不是隨便亂發表意見，而是一項有助於在短時間內，作出正確的經營判斷的必要技能。

這種技能無法在短時間內掌握。

必須實際累積各種經驗，持續**在第一線累積手感**，才能夠掌握的看家本領。

我在其他公司擔任獨董或顧問時，會參與高階的決策和討論，但很難瞭解那

5. 原註：Cost Per Acquisition，每次完成一項成果或是獲得一名顧客所花費的費用。

些公司第一線的小問題。正因為如此，我隨時提醒自己，時時刻刻不能忘記從第一線的角度看問題。如果光說大道理就可以指揮員工，讓工作順利進行，那也未免太簡單了。

在第一線執行業務，真的會遇到各種課題。如果在經營時能夠理解這一點，一定可以打造出高效成長的企業。

保持不輸的比賽和整體優化

我認為任何企業想要永續經營，就必須**保持不能輸**，「整體優化」就是關鍵字。不斷推出新業務，每次不是全壘打，就是遭到三振，這樣的經營方式會冒很大的風險。但是，只靠慢慢累積安打，成長的速度又太緩慢。

最理想的方式，就是在累積安打，持續提升營收和利潤的同時，積極尋找全壘打的機會。

以安克創新集團為例，就是在以充電器和電池等核心事業確保現金流的同時，挑戰掃地機器人和智慧投影機。

事實上，智慧投影機是安克創新集團率先推出的產品，公司也因為這項產品獲得大幅度成長。萬一投影機這項新事業失敗，公司也有核心事業支撐，不會對經營造成影響。

雖然整個集團過去挑戰的多項新事業不幸失敗，但仍然能夠保持整體營收屢創新高。但是，如果只專注於核心事業，完全不挑戰新事業，反而會成為一種風險。因為所有產品都有生命週期，最重要的是，一味守成，無法為消費者和員工帶來新鮮感。

在推動新事業時，同時推動多項企畫進行，比集中投資某一項企畫，更能夠有效降低風險。因為沒有任何一項新事業能夠百分之百成功，必須藉由增加挑戰數量，提升成功的機率。

在投資股票時，比起一百萬只投資一檔股票，分散投資十檔股票，每檔股票投資十萬圓，就可以有效降低風險。

或許有人覺得「保持不輸的比賽」聽起來很保守，但是，運動比賽中也常說，攻擊是最大的防禦，攻擊手段越多越好。

每個商務人士都必須努力讓自己在比賽中保持不輸。

我將在之後的章節中闡述的「**倒T型人**」和「**倒π型人**」，就是我認為不易輸的資歷。

倒T型和倒π型的縱軸代表專業知識和技術，橫軸是綜合知識和技術。無論社會如何改變，一旦具備了競爭對手所沒有的專業性，都能夠做出成果（詳細內容請參閱第三章）。

如何在晚起步的情況下，在競爭激烈的市場稱霸？

雖然智慧投影機是安克創新集團率先研發的產品，但是電池、充電器和耳機等產品，安克都比其他競爭對手**晚起步**。在紅海市場[6]中，已經有很多強大的競爭對手。

而且如同我在〈前言〉中所提到的，充電類相關商品是被稱為「3LOW」（三低，消費意願低、低回購率、平均銷售價格低）的市場，要在這麼艱困的市場成為龍頭企業是高難度的任務。

事實上，在十年前，消費者在購買電池和充電器時，很少有人會挑選品牌。安克最先推出的產品是筆電的更換用電池。

當時市面上的電池產品呈兩極化狀態，一種是價格一萬圓左右的原廠電池，另一種是一千圓左右，品質不穩定，也沒有保固的產品。

於是，安克認為推出三千圓左右，附有保固的優質產品，就一定能夠成功打入市場。不久之後，智慧型手機就上市了，公司傾全力投入了手機行動電源的生產。只要智慧型手機市場成長，行動電源市場也會隨之成長。

安克順利搭上了電子商務市場的成長和環境變化，以及智慧型手機普及的順風車。

雖然一般認為新創企業需要有「藍海策略[7]」，但在實際經營時，經常會發生原本以為是藍海的行業而加入其中，結果發現是一片「空海」。

如果出航前往一片沒有魚的海洋，將會深受重傷。

6. 編註：Red Sea Market，是指已經存在的、市場化程度較高、競爭比較激烈的市場。
7. 編註：Blue Ocean Strategy，是指創造沒有競爭對手的新市場空間，有機會創造獲利型成長。

與其如此，**不如開始在確實有魚的地方釣魚，比較不容易輸**。

雖然必須鑽研釣魚的方法，但至少不會完全釣不到魚。

如果比競爭對手晚起步，卻想要成為業界翹楚，**關鍵是在紅海市場中，是否具備和競爭對手不同的強項，以及是否能夠隨時站在消費者的角度看問題**。

營收成長之後，關鍵就在於能夠改善到何種程度，以及和其他產品的差異化。

做麻煩的事，拉高加入門檻

商場上，持續性最重要。

如果安克是只在線上銷售電池的製造商，不可能有目前的成長。

許多製造廠都只在線上銷售電池，競爭環境相當激烈。

因此，安克致力於拓展通路，以便能夠在量販店和電信公司銷售產品，同時成立了實體店面「安克直營店」。

新創企業和大型企業在拓展新事業時，都會思考如何能夠在短期間內更容易賺取利潤。

這種想法很正確，也很合理，但是一旦其他公司也加入這個市場，就很容易失敗。

因為當自家公司能夠輕鬆獲勝，競爭對手也同樣可以簡單致勝。

從中長期的角度來看，這種情況會導致自家公司更容易失敗。

有一段時間，出現了不少D2C[8]企業，很遺憾的是，大部分都很難持續營運。

這種類型的企業大部分都是ODM[9]，都是先推出產品，然後請在網路上很有影響力的意見領袖介紹、推薦商品，在宣傳策略上投入很大的精力。

那些在市場競爭中活下來的企業，大部分都是在開發高品質的產品同時，還積極拓展銷售通路，在宣傳以外的其他方面也全力投入。

行銷的「**4P**」中，重要的是**Promotion**（促銷）以外的部分，也就是**Product**（產品和服務）、和產品密切相關的**Price**（價格），還有**Place**（銷售通路、提供方法）。

說實話，創新是一件麻煩的事。

8. 原註：Direct to Consumer，不透過經銷商，直接面對消費者。
9. 原註：Original Design Manufacturer，也就是原廠委託設計代工的貼牌生產公司。

但是，自己覺得麻煩的事，其他公司也會覺得麻煩。做麻煩的事獲得成功，就可以拉高其他公司加入的門檻。

對個人來說，如果能夠完成大部分人覺得麻煩的工作，就可以成為獨一無二的人才。

比方說，有特定行業的專業知識，或是大部分人覺得完成99％就「結束」的工作，自己能夠追求做好最後的1％，提升到100％的水準，都屬於這種情況。

逆勢開設直營門市的理由

安克日本除了追求成功以外，同樣重視避免失敗。

在棒球比賽中，只要投手不失分，場上的所有選手一起防守，不讓對方得分，即使沒有打出精彩的全壘打，也不會輸掉比賽。

安克日本在量販店擴大銷售通路和開拓直營門市事業，就是其中的一個例子。

如果量販店的採購不購買我們的產品，產品就不可能出現在量販店的貨架上。貨架的空間有限，在已經有許多傳統大品牌在量販店銷售的情況下，晚起步的新創公司安克製造的產品想要打進量販店，並不是簡單的挑戰。

二〇一八年，公司開了實體店面「安克直營店」。

直營門市和在網路銷售相比，網路銷售的利潤率較高。因為在網路上銷售，不需要店員，也不需要支付店面的房租。雖然網路銷售也需要營運費用，但和直營門市相比，可以大幅減少固定支出。

但是，直營門市比網路銷售更容易和消費者之間建立中長期的關係。實體的直營店面能夠讓消費者實際看到、摸到產品，提供產品的體驗價值，也更容易培養忠實客戶。

有些消費者在網路上看到產品，覺得「很不錯」之後，去直營門市確認實際產品，日後在網路上購買。

「光靠網站上的資訊，無法下決心購買十萬圓的投影機，但是我對這個產品很有興趣，所以先去實體店面看一下實際商品。

實際體驗後，發現產品比我想像中更出色，但是這個月手頭有點緊，先加入購物車，等下個月發獎金時再結帳。」

這就是目前很常見的現象。

02

團隊和職業沒有優劣之分

將90%提升爲99.9%的整體優化習慣

對企業而言，最重要的是人。

伊隆．馬斯克[10]並不是靠他一個人打造出一百兆日圓的企業。

我在進入安克日本這家公司，參與各種業務後，錄用了許多優秀的成員，將工作交給了他們。

企業不能只靠一部分員工完成完美無缺的工作。

全體成員是否具備出色完成工作的意識？這才是企業是否能夠成功的關鍵。

當工作完成90%時，是否能夠進一步提升到99.5%、99.9%，才是致勝的關鍵。

俗話說，「魔鬼藏在細節中」，是否能夠在細節部分做到極致，將會大幅改變公司的業績。

我們公司的行動電源和充電線等產品和競爭對手的產品進行比較時，雖然會有些微的不同，但並沒有巨大的差異。

只是充電速度稍微快一點，尺寸稍微小一點，但是充電速度無法比競爭對手的產品快十倍。

瞭解這種情況之後就會發現，是否能夠在最終階段的**1%收尾部分**追求完美的努力，將導致市占率發生極大的變化。

這種比其他公司的產品充電速度稍微快一點，售後服務體制更健全，在**最後1%上精益求精的持續追求**，就可以吸引更多忠實消費者，進而提升品牌實力。

只要能夠做到這一點，就可以讓更多消費者從原本的「想買**充電器**」，變成「想買**安克的充電器**」，產品不容易陷入價格競爭，員工的意識也會集中在改善產品和提升產品品質上。每個人的意識改變，都能夠為組織帶來良好的結果。

10.編註：Elon Musk，一九七一～，SpaceX創始人、董事長、執行長、首席工程師，特斯拉投資人、執行長。

因爲人數少，才能夠發揮作用的《復仇者聯盟》

無論以前還是以後，建立少而精的組織都很重要。

但是，如果能力很強的人各自為政，大顯身手，事業往往無法持續成長。

在系列電影《復仇者聯盟》（The Avengers）中出現的超級英雄隊伍很強大，但是從另一個角度來說，因為只有十幾個人，才能夠發揮如此強大的威力。

如果一家公司內有一百個英雄，我很懷疑是否能夠持續作出成果。

很多人都很尊敬Apple的共同創辦人史蒂夫·賈伯斯[11]，然而，是否組織內有一百個賈伯斯，就會更加強大？恐怕未必如此。

建立一個強大的組織，除了具有領導力的人以外，還必須有能夠協助領導者的組織成員。

組織內，不能所有人都是英雄，也不能所有人都是輔助角色，而是**整體發揮出色功能，才能成為最強大的團隊**。

即使**每個人的能力不同，也可以凝聚共同的意識**。

於是，經營就能夠符合企業的使命和價值。

正因為如此，建立「整體優化」的習慣至關重要。

意識到「部門之間沒有優劣之分」，就可以打造強大的團隊

我發自內心認為，職業沒有貴賤之分。

我也不喜歡一些社經地位高的人，在餐廳之類的地方，對服務生擺出一副頤指氣使的態度。

企業也是一種組織，所以會有職位的高低，但那只是根據每個人的能力，分擔不同的業務，我並不認為職位高的人就比較了不起。

通常在製造業，產品團隊和行銷團隊被視為「主力」，說話往往比較有分量。

但在安克日本，部門之間完全沒有優劣之分。

11. 編註：Steven Jobs，一九五五～二〇一一，美國發明家、企業家，蘋果公司聯合創始人之一。

除了營收直接成為部門ＫＰＩ的業務部門，客服部門和產品開發部門，也為公司的營收最大化和長期成長的目標共同努力。

無論是第一線的成員或是承擔輔助工作的員工，都沒有優劣之分。所有成員根據各自的適性和能力，有效率地分擔業務，採取必要的行動，促進公司整體的成長。

為了打造成能達成整體優化目標的組織，必須努力做到以下三件事。

- **無論能力再強，任何人都無法靠單打獨鬥經營一家大企業。**
- **即使能力很強的人聚集在一起，也不一定能夠完成大事。**
- **組織之間沒有優劣之分，相互尊重，才能打造出強大的團隊。**

03 整體優化和三大價值

「合理思考」和「超越期待」的意義

做生意就是在建立假設的基礎上預測未來。

採取這項措施後，應該能夠帶來這些業績成長，這就是建立假設。

在建立假設時，必須以事實為基礎，針對現狀進行合理思考。

即使團隊成員和我的想法不同，只要成員的意見合理，我就會加以採用。

安克日本有三大價值，所有員工都是根據這三大價值採取行動。

1 Rationalism ＝合理思考
2 Excellence ＝超越期待
3 Growth ＝共同成長

首先第一項的「**合理思考**」，就是「在邏輯思考基礎上解決問題很重要」的文化。只有建立整體優化的習慣，才能夠創造更高的營收和利潤。

但是，要徹底貫徹這一點並非易事。企業往往會因為公司內部人事和利益的競爭，作出非合理的判斷。企業內部的這種人事和利益的競爭缺乏合理性，因為「這是董事長的意見」就盲從，不符合公司的價值。

第二項的「**超越期待**」，就是「隨時意識到消費者，創造對消費者而言真正的價值」的文化。

有一件事很容易忘記，那就是最終要超越的是消費者的期待，而不是上司的期待。

如前所述，從合理的角度思考，誰表達的意見並不重要，表達了什麼意見才是重點。提出超越消費者期待的提案，最終也必定能超越上司和公司的期待。

團隊成員的期待、長官的期待、客戶的期待和消費者的期待都有密切的關係。

一旦培養這樣的意識，就能夠打造一個在整體優化基礎上作出決定的組織。

只錄用符合「共同成長」這項價值的員工的理由

我在面試新員工時，會強烈意識到第三項的「共同成長」。

因為持續錄用能夠共同成長的人才，有助於整體優化的經營。

以前，曾經有一名員工影響了團隊的整體表現。

那名員工成長意願很低，經常批評追求成長的公司、追求成長的人，而且整天抱怨、埋怨，影響其他同事的士氣。

這就和足球等團體運動一樣，選手無法在球場上充分發揮，只要有一個人整天擺一張臭臉，就會對周圍的人帶來負面影響，最終導致團隊遠離勝利。

正因為如此，所以公司只錄用符合「**Growth＝共同成長**」這項價值的人。

幸好公司的業績持續成長，想要做的事、該做的事也持續增加，所以很希望有充分的人才加入，但我在錄用員工這件事上絕不妥協。

公司的員工也充分瞭解這一點，所以他們會這麼對我說：

「希望可以趕快增加人手，但是與其倉促錄用無法有相同價值觀的人，寧願再等三個月、半年，耐心等待和我們有相同價值觀的人來當我們的同事。」

「希望可以徵到有能力，也符合公司文化的人。」

這是公司所有人的共識。

想像力是避免問題發生的有效方法

在執行新的企畫時，未必所有人都能夠得到恩惠。

比方說，行銷部門實施促銷活動時，很可能會對客服部門造成額外的負擔。

在執行企畫時，必須綜合評估因此帶來的正面影響和負面影響。如果正面影響比較大，就決定執行；如果負面影響比較大，就決定放棄。這種判斷才是整體優化。

在進行判斷時，「**想像力**」很重要。必須先停下腳步，想像一下自己的工作會對周圍產生什麼影響，需要哪些支援。這種想像會讓推動工作的方式有所不同。

自己認為出色的企畫，很可能並不符合整體優化。舉辦促銷活動，業績會成長，對自己部門固然有利，但要想像一下其他部門的情況。

「舉辦促銷活動會導致物流增加，物流有辦法承受嗎？倉庫有足夠的空間嗎？」

如果想像力不足，就可能會發生產品無法送達等問題。只要發揮想像力，事先進行溝通，就能夠提前採取措施。

當全體成員都能夠發揮想像力，就可以減少負面影響，減少補救的時間，就能夠追求更高的目標。最重要的是，各個部門都能夠朝向相同的目標邁進，工作時的心情也會很舒暢。

整天忙著處理麻煩的公司無法成長，只有所有員工都能夠心情愉快地工作，企業才能夠邁向顛峰。

04 具有大局觀

將棋和經營的大局觀

我從小學的時候開始下將棋，中學之後參加了將棋社，每天都在下將棋。高中時代，曾經在團體賽中獲得關東三連霸，個人賽中進入東京都前四強。將棋和經營有很多相似之處。

事前研究、策略、分析、判斷形勢，在有限的時間內連續作出決定等，都是經營時不可或缺的要素。

本章的主題「整體優化」也可以說是「**大局觀**」。正如羽生善治先生在暢銷書《大局觀：懂進退、掌先機、不盲從的關鍵能力》[12]中所提到的，在將棋中，大局觀很重要。

將棋必須觀察整體，瞭解目前是勝是敗的戰況基礎上，才能決定下一步棋。

將棋通常以飛車為中心展開攻擊，雙方飛車所在的位置很容易成為戰場。

但是，將棋的目的是將對方的王將逼入絕境，即使在飛車所在的戰場輸了，只要最後能夠吃掉對方的王將，仍然是贏棋。

有一句關於將棋的格言，「**笨棋手才把飛車看得比王將更重要**」，說明了在下將棋時最失敗的態度。

安克在之前的經營中，也曾經發生過類似的情況。

行動電源有各種不同容量的規格，有可以為智慧型手機充一次電的三千 mAh 小容量，到可以為筆電充電的超過二萬 mAh 的大容量。

安克當時以在線上市場中，市場規模最大的一萬 mAh 以上的產品作為主力產品，也獲得了理想的市占率。

但是，在分析包括量販店等線下市場的市場數據後發現，五千 mAh 以下規格的銷售量最大，而且競爭對手遙遙領先。

由此發現，我們當時只看到線上的成功，卻失去了大局觀。

即使大容量行動電源獲得了30％的市場占有率，如果中小容量的市場更大，就會錯失大規模的營收，這件事也讓我深刻體會到，瞭解整體狀況的重要性。

判斷是否加入的兩大基準

做生意時，必須關注**市場規模**和**成長性**。

在一億日圓的市場獲得50％的市占率，也只有五千萬日圓的營收。在一百億日圓的市場只要有5％的市占率，就可以創造五億日圓的營收。

USB傳輸線有多種不同的規格，不同規格的接頭形狀不一樣。

我們現在並沒有生產Micro USB傳輸線的新產品。

目前，筆電和智慧型手機的規格統一，大部分主力商品都採用了USB Type-C的規格，Micro USB傳輸線市場急速縮小，即使投入新商品，也無法帶來更多營收。

12. 編註：羽生善治『大局観――自分と闘って負けない心』，KADOKAWA，二〇一一／究竟，二〇一三。

避免沒有效率的投資，把資金投入有成長性的產品。採取這種方針後，即使市占率相同，也可以增加營收，如果市占率增加，營收可以大幅提升。由此可見，合理的決策很重要。

「開始」容易「結束」難

Apple在二〇二二年五月，宣布停止銷售iPod touch。二〇〇一年上市的iPod是一度成為Apple代表產品的ＭＰ３播放器，為數位音樂行業帶來了變革。iPhone承襲了iPod的技術，Apple決定集中投資iPhone。

在商場上，「結束」某項事業往往比「開始」某項新事業更難。尤其在日本社會，還殘留著失敗代表無能的文化，這種傾向就更加強烈。明確結束的基準，有助於開創新的事業。

因為人力和資金的資源有限，所以如果不結束舊事業，就無法展開新事業。

但是，發現這一點，同時作出判斷並不是一件簡單的事。有一個名詞叫做「協和謬誤」（Coordination Problem），有時候考慮到投入的大量資金，所以不容許失敗。因為耗費了很長時間開發、生產，所以無論如何都希望推出產品上市。

但是，這件事必須由消費者判斷，而且經常是因為產品本身並不理想，所以消費者不願買單。如果在亞馬遜網站的產品評價平均只有三星，即使大力宣傳，也不是為消費者著想。

與其如此，還不如增加暢銷產品的不同顏色，或是推出進階款更加合理。

大家往往會注意 Apple 持續推出的各種創新產品，但正因為 iPhone 的銷售量很好，所以才能每年升級，同時推出各種不同顏色和尺寸，為營收作出貢獻。

對使命與價值的深度共鳴，決定了成敗的關鍵

只有當組織成員中的每個人，都對組織的使命和價值產生共鳴，才能夠在工作時，隨時考慮到整體優化。

個人投入新的事業或是創業的人，必須自行思考使命和價值，然後逐漸完成使命，創造出價值。大部分人都是在組織內工作，想要在組織內作出成果，就必須對組織的使命和價值產生共鳴，而且這種共鳴，正是提升成果的熱情來源。

我個人的動力來源，就在於對安克創新集團的使命產生的極大共鳴。

安克創新集團的使命就是「Empowering Smarter Lives＝用科技的力量推動全人類的智慧生活」。

換言之，就是提供出色的硬體設備，協助全人類打造智慧舒適的生活。

正因為對實現這個目標充滿熱情，所以才能夠在這家公司努力不懈。

再來看一下前面提到的「成果公式」。

【成果公式】
成果＝「輸入×思考次數×試錯次數÷時間」×「使命×價值」

大部分人談到工作成果時，很容易只想到「輸入×思考次數×試錯次數÷時間」。

如果是個人想要創造成果，在某些情況下，這樣或許也能夠作出成果。

但是，**如果是團隊、企業想要獲得巨大的成果，「使命×價值」就至關重要。共同擁有、產生共鳴和體現使命和價值，思考和行動才能夠符合使命和價值，培養整體優化意識**。

如此一來，就更有助於創造成果，個人也獲得成長。

下一章中，將介紹「創造價值的習慣」。

CHAPTER

2

創造價值的習慣

01 讓所有行動都有「價值」

享受持續成長的樂趣

我很喜歡從事有助於企業和個人「成長」的工作。

大學畢業後，我進入一家顧問公司，就是因為我認為那份工作能夠在協助企業成長的同時，身為商務人士的自己，也可以迅速成長。

我在顧問公司和基金公司時，工作強度是一般企業的一倍。用兩倍的強度加倍工作，就可以有四倍的收穫。對追求成長的我來說，無疑是最理想的環境。

在顧問公司時，我學會了 Power Point、Excel 等基礎技能，以及簡報的方法這些在面對多元化的工作時，最重要的基礎能力。

「做資料的能力」聽起來或許很不起眼，但是年輕時如果需要這種能力，就必須積極加以吸收。

和顧問公司的工作相比，我在基金公司所做的工作，必須更深入瞭解經營。因為這些工作環境中，周圍都是專家中的專家，所以我可以感受到自己力不從心，但也感受到自己的成長。

目前經營持續成長的安克日本這家企業，是我最大的快樂。

二〇一三年創業當時的營收只有九億日圓，但二〇一八年達到了一百一十億日圓，二〇二〇年超過了兩百一十二億日圓，二〇二一年達到了三百億日圓。

一起工作的團隊成員也迅速成長，工作的成果更加出色。目前公司內有一百數十名正式員工，每個人都有強大的生產力。

一年後，能夠成長37.8倍的人，和無法成長的人

我希望自己隨時能夠成長。

正因為人生無法重來，所以我希望自己持續成長，邁向無悔的人生。

優秀的經營者多如繁星，我無法對現狀感到滿足，但是有比自己更厲害的人是一件幸福的事。因為可以激勵自己不能安於現狀，必須朝向更高的目標邁進。

在達成營收目標的瞬間雖然很開心，但這種滿足無法持續太久。在成功的瞬間，的確會分泌腎上腺素，內心也的確有喜悅的感情。能夠完成自己決定的目標，無疑是令人高興的事。但是，也許是因為性格使然，所以這種喜悅的感情向來都無法持續太久。

因為一旦達成了目標，那裡就成為起點，站在新的起點，就會看到下一個目標。但是，必須瞭解到——

成長固然重要，但是每個人成長的速度各不相同，即使緩慢成長也無妨。最重要的是，要持續投入有助成長的必要之事。

一整年什麼都不做，和每天努力一點點，持續努力一整年，到底會產生多少差異。

1×1重複三百六十五次，仍然還是1，1的三百六十五次方仍然是1。

這代表一年後的自己和現在的自己沒有改變。

但是，如果每一天都比前一天成長0.01（1％），一年後會有什麼樣的結果？

1.01的365次方是37.8。

這就代表只要養成每天成長1％的習慣，一年之後，就可以成長37.8倍。

1％的良好習慣，可以讓人獲得很大的成長。

相反地，有些人在工作時不停地抱怨、不滿，這種不良習慣無法讓人成長。

雖然在起點時，只是增加0.01和減少0.01的差別，但用複利效果持續下去，差異就會越來越大。

初期值的小數點後零點零幾的微小差異，最後將造成壓倒性的差異。

迪士尼樂園永遠都是未完成狀態

人和企業即使獲得了成長，也永遠沒有完成、完工的一天。

因為人和企業永遠都是未完成狀態，是永遠的測試版。

但是，讓測試版原地踏步，停留在原本的狀態，還是持續更新，就會造成極大的差異。

華特・迪士尼[13]曾經說過：

「迪士尼永遠都是未完成狀態。」

「維持現狀就是在持續後退。」

維持現狀，就是保持和昨天相同的狀態。雖然時間慢慢流逝，但完全沒有改變。

以金錢為例，目前的一百萬日圓和未來的一百萬日圓價值不同。假設年利息是3%，今天的一百萬日圓就相當於一年後的一百零三萬日圓。和一年後相比，現在的一百萬日圓的價值比明年的一百萬日圓多了三萬圓，這就是現值的思考方式。其實人也一樣。

如果今天的自己和明年的自己相同，就意味著並不是「**沒有成長**」。**因為時間已經流逝，自己仍然和之前相同，就代表自身的「價值減少了」**。

即使自認為維持現狀，但世界隨時都在改變。

如果追求維持現狀，最終就會被時代淘汰。商務人士如果每天只是處理完手上的工作，就是一種退化。正因為這樣，所以必須隨時保持提升自我價值的意識，即使每天只進步一點點也沒關係。

產品永遠都是測試版

努力創造價值時，最重要的就是「**傾聽消費者的聲音**」。

製造消費者並不需要的產品毫無意義，傾聽客人真實的意見，有助於為產品開發帶來靈感。

安克的行動電源產品的銷售量曾經一度被超越，無法蟬聯冠軍，因為競爭對手推出了高品質的產品。

13. 編註：Walter Disney，一九〇一～一九六六，世界著名的電影製片人、導演、劇作家、配音演員和動畫師，華特迪士尼公司共同創始人。

我發現這種狀況後，認為已經無法靠現有的產品扳回這一局，於是立刻購買了競爭產品，送到開發部門，要求開發部門研發新產品。

最後，由於開發部門立刻採取了行動，在我們推出新產品後，順利奪回了第一名的寶座，但是如果當時沒有檢討自家產品，只是加強宣傳與競爭對手對抗，絕對會拉長落後的時間。

我們一路走來，都持續傾聽消費者的聲音，持續改進我們的產品。

創業當時，由於缺乏開發資源，只能親力親為進行品質管理，但是和競爭產品之間在性能方面的差異並不像現在這麼大。

如此一來，就會被捲入價格競爭，於是安克創新集團從二〇一四年開始，成立了正式的研究開發團隊。

一旦有了開發團隊，就可以逐漸累積製造產品的第一手知識和經驗。

而且除了充電相關的產品，還進一步擴大到耳機、掃地機器人等其他類別的產品。

如何才能製造消費者想要的商品？

隨時保持「產品永遠都是測試版」的意識很重要。

前面提到，人和企業永遠都是未完成狀態，產品也一樣。

世界上沒有完美的產品，必須因應時代和環境的變化，持續改良產品。

客服自製化的理由

本公司的特徵，就是所有客服都走自製化路線。

分析亞馬遜網站上的評價，透過電話傾聽消費者的意見，然後反映在產品上。消費者的評價是寶貴的情報，必須充分運用於產品的改進。

即使消費者在網站上寫評價，也沒有直接的好處，但消費者仍然願意花時間提供意見，企業當然不能無視這些意見。

D2C事業直接將產品賣給消費者，節省了中間傭金的優點經常受到矚目，但這並非本質性的優點。

最大的優點就是可以直接和顧客溝通，將顧客提供的「使用說明書看不清楚」、「在臥室使用時，充電器的LED燈太亮」等每一項反饋意見作為資產靈活運用，才能夠讓產品更加出色，企業獲得更進一步的成長。

客服是創造日後營收的前線。

最近，有不少企業為了減少整體工作量，廢除了客服電話，甚至把公司電話號碼也藏在不明顯的地方，但我認為這種情況未免太優先考量自家公司的方便性。

安克日本至今仍然提供電子郵件、線上客服、ＬＩＮＥ、電話等各種方式的客服。

不同的顧客喜歡的聯絡方式不同，只要顧客對客服滿意，就會增加下一次的購買意願，提供良好的客服比追求眼前的效率更有意義。

如何找到只有自己才能創造的價值？

我在顧問公司任職時，必須持續創造價值。

顧問公司都會向客戶收取高額報酬。

為什麼客戶願意支付高額的報酬？因為他們可以得到比所支付的報酬更多的收穫。

當客戶用五千萬日圓的報酬，委託顧問公司提出節省成本的方案，顧問公司就必須作出能夠讓客戶公司節省數億日圓經費的成果。只有作出相當於報酬數倍的成果，才算是完成了工作。

為此，**必須隨時意識到要創造價值這件事**。

顧問公司獲得客戶的信賴，持續作出成果，才會有下一次的委託。

大型顧問公司擔任客戶企業併購的顧問時，經常需要協助併購之後的事業整合。

但是，如果在併購過程中，客戶企業認為顧問公司沒有價值，在完成併購後，就不會進一步委託事業整合的工作。

我在目前這家公司，仍然充分意識到如何在符合安克創新集團的使命和價值的基礎上，創造自己獨特的價值。

窗口有窗口的工作，經理有經理的工作，我身為一家公司的代表，當然也有只有我才能做到的工作。

除了對自己的決策負起責任，在會議上，提出和其他與會成員不同角度的想法，也是我的價值之一。

從不同的角度、從俯瞰的角度表達意見，如果能夠讓與會成員覺得我提出的意見「言之有理」，對他們而言，也是一種學習。

我爲什麼要參與所有的面試？

我目前仍然會**參與所有員工的面試**。

希望企業持續成長，就必須持續錄用有成長意願的人才。

世界上有很多人只想維持現狀，但是如果希望企業成長，一旦錄用這種類型的人，對彼此都是莫大的不幸。當然，每個人的想法不同，在這個問題上，沒有絕對的好壞之分。

通常認為**形塑一個人，取決於九成的「存在方式」**（**being**）**和一成的「做事方式」**（**doing**）。

對工作的態度也包含在「存在方式」之中，隨著年紀的增長，「存在方式」會越來越難改變。換句話說，一旦踏上了社會，就很難藉由教育改變一個人的性格和價值觀。

正因為如此，所以希望錄用「存在方式」一致的人一起工作。雖然技能和能力也很重要，但是和組織是否合得來更加重要。如果只是技能和能力不足，進公司之後可以繼續磨練，但破壞和諧的人，就很難矯正。

安克日本的錄用考試除了筆試和多次面試以外，最後的步驟是和我們公司的員工一起吃午餐或是晚餐。除了面試的經理以外，也會請未來可能成為同事的成員盡可能一起參加。

除了企業挑選應徵者，我們希望應徵者也可以感受和其他同事相處的氣氛。最後的這個步驟可以讓應徵者實際瞭解「我是否想和他們一起工作」，如果對同事的印象很好，就會更希望加入，如果覺得不合適，這樣的結果也比進公司之後才有這種感覺好多了。

02 別當傳聲筒，要成為專案經理

傳聲筒和專案經理的決定性差異

把從別人口中得知的情報傳達給另一個人時，你能夠創造出什麼樣的價值？假設某個窗口接到上司的指示，「請蒐集顧客的意見」。窗口蒐集了大量「顧客的意見」，然後直接交給上司，就代表窗口並沒有在那份資料中加入自己的價值。用這種方式處理工作的人，稱為「**傳聲筒**」。

還有另一種人，在傳達情報的過程中，隨時思考自己可以在資料中附加什麼價值，這種人發揮了「**專案經理**」的作用。

在這個案例中，可以將蒐集到的意見分類、簡潔化，以及事先確認其中是否有矛盾之處。

傳統的銷售方式都是廠商將商品批發給零售店，由零售店販售商品給消費者，廠商和零售店之間通常由貿易商負責經銷。最近直接在線上販售的電商模式也很普及，廠商本身必須發揮零售店的功能。

在傳統銷售方式中，廠商是經由經銷商，將商品交給零售店販售。當經銷商的存在，可以使物流等手續更有效率，這樣的經銷商就有存在價值，如果無法發揮這樣的優點，廠商覺得「還不如直接和零售店做生意」也無話可說。

委託廣告代理商時的情況也一樣。

在委託廣告行銷業務時，假設要支付廣告費的15％給廣告代理商。這就意味著如果廣告預算是一千萬日圓，其中的一百五十萬日圓是廣告代理商的行銷費用。

在這種情況下，廣告代理商就必須提出新的行銷策略等附加價值，發揮比一百五十萬圓的價值更有效率的廣告行銷。

我在委託廣告代理商時，通常不會選擇企業，而是選擇窗口。

大企業並不等於高品質，各家廣告代理商是否有優秀的廣告行銷業務和創意總監，將會導致廣告效果出現很大的差異，判斷的指標也是看對方是否有附加自身價值的意識。

如果窗口無法明確說明能夠提供超過手續費的附加價值，就最好不要委託，因為那種人稱不上專業。

擔任不同的職位，創造價值的方法也不同

安克日本過去曾經和其他公司合作，推出了獨創的產品。專案經理和合作對象的公司持續進行詳盡的討論，也和總公司負責產品開發的開發負責人保持密切聯繫，確認品質和安全性，並且確認設計和顏色，然後彙整這些資訊，管理整體日程，讓產品能夠按照交貨期順利上市。這才是擔任橋梁的人應該創造的價值。

助理讓上司有更多自由的時間，也是在創造價值。

顧問公司的合夥人、經理的工作是得到客戶的信賴，爭取到更多案子。年

輕的助理則是整理議事紀錄，進行分析作業、製作資料，在力所能及的範圍加以協助。

助理的這些工作對上司能夠擠出更多時間有所貢獻，於是上司就能夠用這些時間去爭取數億的案子，專心處理附加價值更高的工作。

董事長秘書的價值，在於可以完成並不需要董事長親自處理的工作。秘書為董事長調整日程，就可以讓董事長能夠專心處理必要的工作，增加只有董事長才能創造出價值的機會。

把十億日圓的工作交給剛大學畢業、進公司才第一年員工的理由

我們公司會明確團隊的使命和任務，以及成員的工作內容和責任。

除了瞭解公司整體的使命和任務，**只要明確自己的工作內容和責任，有助於明確每個人增加附加價值的方向性**。

品牌經理的工作內容和責任，就是「讓更多人知道安克這個品牌，對增加包

括中長期在內的營收和利潤作出貢獻」。

行銷設計只是手段的一部分。假設品牌經理滿腦子只想著如何宣傳行銷，提出「要拍出會爆紅的廣告」的想法，卻沒有考慮到成本效益比，也就是性價比[14]，這種情況就是只有部分優化，沒有從「對安克日本的營收作出貢獻」的整體優化角度看問題。

安克日本在人員方面向來走少而精路線，對大學剛畢業進入公司的新鮮人也有很大的期待。雖然主管會負起最後的責任，**但大學剛畢業，進公司第一年的員工，也可能負責超過十億日圓的工作**。

因此，我在面試時會明確告知應徵者，「希望你能夠努力達到這種成長速度」、「希望你可以承擔這些工作」，在雙方都充分瞭解工作強度的情況下，再決定是否願意進入公司工作。

一旦作出成績獲得升遷，工作領域進一步擴大，期待值也更大，能夠處理的工作也會增加，於是就需要再次明確工作內容和責任，並以此作為基礎，附加各種價值。**這種價值的累積，最終會帶來成長**。

卓越就是超出客戶的期待

我很喜歡為他人帶來快樂，我的興趣之一，就是變魔術，只是最近很少有機會表演。

我會去參加業餘魔術愛好者的聚會，也會和職業魔術師一起交流。起初只是基於「只要幾個動作，就可以讓大家歡笑很厲害」的想法開始學魔術，但實際學習後，發現練習比想像中更辛苦。

觀眾在看魔術時，期待魔術會給自己帶來驚訝，但魔術師的表演必須隨時超越觀眾的期待。在意想不到的地方拿出撲克牌，或是觀眾明明緊盯著魔術師，魔術師手上卻換了一張牌。超出觀眾預料的表演，就會讓觀眾滿意。

超越期待，才能夠讓人滿意，所以才快樂，也更有意義。

「卓越」正是安克創新集團的三大價值之一。

超越顧客和相關人士的期待，正是創造價值的習慣。

14. 編註：為性能和價格的比例，俗稱ＣＰ值。

CHAPTER 3

學習的習慣

01

輸入×地頭力＝輸出的品質

什麼是「輸入×地頭力＝輸出的品質」？

本章的主題是「學習的習慣」。

看完了前兩章，覺得「我想要成長」、「我想為工作增加附加價值」的人，**需要培養「學習的習慣」，才能夠具體輸出。**

請再次確認「成果公式」。

將「輸入×思考次數」換成「**質**」，「試錯次數」換成「**量**」。

於是，成果公式就變成下一頁的內容。

成果公式

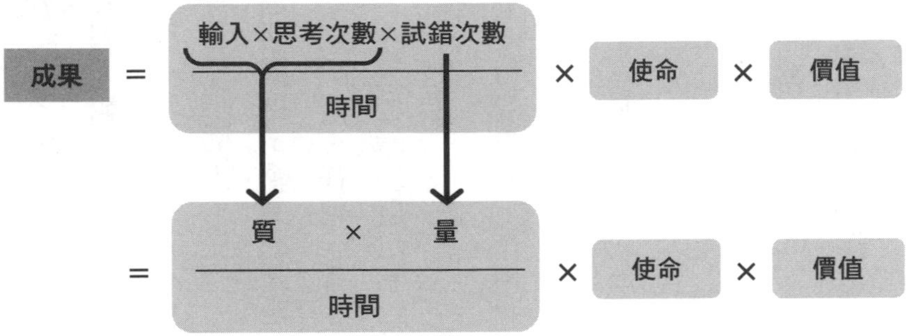

在本章中，將重點討論「質」的問題。

我相信職涯發展是各位讀者日常思考的課題之一。

在職涯發展中，最大的風險是什麼？

既不是創業，也不是進入新創公司。

那就是並沒有瞭解到，目前爭取到的工作，並不是靠自己的實力，而是因為公司的招牌發揮了作用，同時忘記了持續學習的重要性。

正如前面曾經提到，一旦認為「維持現狀就好」，就已經在後退了。

輸出的「質」取決於輸入×思考次數。

一個人增加了多少思考的次數，和「地頭力[15]」有密切的關係，因此可以定義「**輸出的品質＝輸入×地頭力**」。

首先談談輸入，任何人都無法創造出超越自己知識的價值。

即使發現了企業的課題，提出解決方法時，或是進行第四章介紹的進行「假設性思考」時，任何人都不可能提出超越自己知識的意見。如果想要提升輸出的品質，就必須增加自己的內涵。最簡單的方法，就是培養各種興趣愛好，廣泛吸收各種資訊。

不要只侷限於工作相關的知識，可以張開吸收知識的天線，而且高高架起，廣泛蒐集各種資訊。

如果只吸收公司內部工作相關的知識，很可能會發生資訊太陳舊，建立錯誤假設的情況。

除了要吸收同行業其他公司、其他行業、其他領域的案例，還可以從歷史、運動等商務活動以外的知識中，找到可以應用的思考方式。

閱讀自傳和傳記，會在不知不覺中，瞭解一代偉人生活的年代，以及當時的世界情勢、國內情勢、政治經濟、社會、文化、科技、風俗習慣和人們的生活。

有助於磨練輸入能力和地頭力的五本書

首先想介紹五本有助於磨練輸入能力和地頭力的書。

①《論語》

《論語》是我反覆閱讀了多次的一本書，雖然《論語》並不是商業書，而是一本談論基本學識素養的書籍，可以從中學到很多重要的事，除了對工作有幫助，對人生也大有幫助。

尤其隨著年紀增長，職位越來越高，才（才華）德（品德）兼備就更加重要，《論語》有助於瞭解這件事。所以我首推這本書。

15. 譯註：不靠既有的知識和方法，即使對於未知的領域，也能夠靠自己的頭腦和常識在瞬間作出反應，瞭解事物本質和問題根本的能力。

②《卡內基說話之道：如何贏取友誼與影響他人》[16]（戴爾・卡內基著）

這本書的章名「如何影響他人」、「如何贏得他人的喜愛」、「如何說服他人」、「如何改變他人」都是商業活動中最重要，而且是最本質的部分。日文版的初版是一九三六年出版，是一本很舊的書，但是，書中談到的像是自己和企業想要達成什麼目標，為此該如何影響他人，很多內容至今仍然很實用。

雖然這本書中並沒有令人耳目一新的內容，但是這本書一定可以讓你在工作和私生活的人際關係變得更圓滑，不難瞭解這本書經過這麼多年，仍然深受喜愛的原因。

③《假設性思考：BCG流的發現問題、解決問題法》[17]（內田和成著）

本書的第四章，也提到了「假設性思考」的重要性，但想要更具體瞭解假設性思考的人，內田和成的這本書，無疑是最佳選擇。

假設性思考中，最重要的就是反覆實踐，但是對大學剛畢業等經驗還不足的人，可以藉由這本書學到包括思考方式在內的豐富內容。

④《從問題開始：知識生產的「簡單本質」》[18]（安宅和人著）

在工作上，會遇到很多需要解決的問題，但是我們並沒有時間解決所有的問題。正因為這樣，所以瞭解什麼是真正該解決的問題就非常重要。

雖然可能有人覺得這是理所當然的事，但是在工作時，往往會忘記這個觀點，可以藉由這本書充分瞭解。

⑤《恆毅力：人生成功的究極能力》[19]（安琪拉・達克沃斯著）

美國賓州大學的安琪拉・達克沃斯教授在芝加哥的學校調查後發現，具有恆毅力的學生沒有中途退學，完成學業的機率很高。

恆毅力的英文Grit，由Guts（面對困難的「鬥志」）、Resilience（即使失敗，也不輕言放棄的「毅力」）、Initiative（自己設定目標後投入的「主動」）

16. 編註：How to Win Friends & Influence People，Dale Carnegie，一九三六／好人出版，二〇二〇。
17. 編註：內田和成『仮説思考——BCG流 問題発見・解決の発想法』，東洋経済新報社，二〇〇六／經濟新潮社，二〇一四。
18. 編註：安宅和人『イシューからはじめよ——知的生産「シンプルな本質」』，英治出版，二〇一〇／經濟新潮社，二〇一九。
19. 編註：Grit: The Power of Passion and Perseverance，Angela Duckworth，二〇一六／天下雜誌，二〇二〇。

和 Tenacity（堅持到最後的「執念」）這四個單字的第一個字母組成，可以靠後天培養。

這句話和本書《1位思考》的副標題「**即使晚起步，也能夠以驚人速度成長的簡單習慣**」[20]不謀而合。本書在第五章之後，也將討論堅持到底的恆毅力為什麼很重要，以及如何才能夠實踐。

勤於思考，可以提升地頭力

「地頭力」就是自己思考的能力。輸入和地頭力決定了輸出的品質，地頭力取決於思考次數的累積。雖然短期間內，可以靠已經具備的知識輸出，但是要在中長期持續輸出高品質的內容，就必須隨時吸收新的知識。

我在兩年前開始使用推特。推特是輸出的極致，如果沒有輸入足夠的內容，就無法在推特上發文。我並不是只靠過去的累積在推特上發文，也經常受到日常生活中新事物的刺激而發文。

在推特上發文，可以充分感受到吸收知識等輸入的重要性。均衡地進行輸入和輸出，可以讓頭腦更靈活。

即使用功讀書，考試成績仍然不佳的人，往往太偏重輸入。其實在復習到某種程度後，就要趕快練習考古題。這種輸出行為可以讓自己更明確需要輸入什麼。地頭力無法靠一朝一夕就立刻提升。

絞盡腦汁的經驗次數很重要。勤於思考，就可以提升地頭力。

測試應徵者地頭力的問題

我在面試應徵者時，會發問測試應徵者的地頭力。

這些問題並不是要瞭解應徵者的經驗，而是類似費米推論法（在手邊沒有或極少資料的情形下，靠邏輯思考能力估算出數字的能力）的思考過程。

當我問這類型的問題時，並不是想知道正確答案。

而是想瞭解應徵者建立假設、將事物具體化或是分解的思考能力。

20. 編註：原書副標題。

履歷表和職務經歷的內容固然很重要，但這些都是過去的資訊。更重要的是未來，也就是進入公司之後，是否能夠完成公司所期待的職務。

商業活動有九成都需要臨場發揮，雖然事先準備志願、動機這些制式的問題很重要，但是**平時訓練的地頭力**，**也就是思考能力的累積更重要**。

對狀況不明的瞬間樂在其中的同時，又該如何思考，能夠提出什麼建議，因為這是商場上經常遇到的情況。

建立「1位思考」的五大輸入法

在當今的社會，消費者喜好的變化非常迅速。即使在企畫時掌握了消費者的需求，一旦開發耗費了太長時間，趨勢就會改變，等到生產上市，就變成了落伍的產品。我們公司隨時傾聽消費者的意見，有時候在短短幾個月，就開發出新產品上市。

如果在生產產品時不因應時代變化，就無法持續對消費者產生吸引力。只有持續輸入，才能夠隨時預測趨勢，並且運用在產品上。

因為輸入的速度會影響輸出的速度。

目前是資訊氾濫的時代，想要高效率輸入自己有興趣的資訊，找到工作相關的報導並非易事。我在此分享我用來輸入資訊的五種方法，提供給各位參考。

1. 透過 Audible 閱讀

雖然藉由閱讀吸收知識的方法很傳統，但書籍的確可以為我們帶來很多知識。除了能夠立刻在工作上加以運用的商管書籍，還有更廣義的經營論相關書籍，也可以透過古代經典在內的書籍，進行系統化的學習。雖然這種方式看起來好像在繞遠路，但**閱讀能夠高效率地吸收知識**。

只不過有些人平時可能沒有閱讀的習慣。

這些人可能會說「根本沒有時間看書」。

也許他們覺得花很長時間專心看一本書，才能稱為閱讀。

我想要向這些工作忙碌的人推薦「**Audible**」（OTOBANK的「audiobook.jp」等有聲書也OK）服務。

「Audible」是亞馬遜提供的有聲書服務，由職業配音演員朗讀書籍，可以用聽書的方式吸收知識。

唯一的缺點，就是聽書比看書更耗時間。

所以，我通常在健身房運動時聽有聲書。

習慣之後，即使用兩倍速，也完全可以聽得很清楚。

因為我向來都是在**做其他事的同時聽書**，所以不需要另外安排閱讀的時間，而且在運動時聽書，大腦也處於活化的狀態，比坐著看書時，更容易吸收知識。

聽到有興趣的內容時，不妨馬上用手機記錄。除了在健身房以外，上學、上班搭車時，也是聽書的最佳時間。

2. 推特

如同前面提到的，推特不僅可以發文輸出，也是吸收資訊的重要管道。

我直到二〇二〇年一月，才開始使用私人的推特帳號（@endoayumu），所以起步相當晚，很希望可以更早一點加入。

以即時性的角度來說，推特可以迅速吸收各種資訊，也可以追蹤自己有興趣的企業或是個人的帳號，高效率地溝通交流。

但是，不光是推特，所有社群媒體都有相同的問題，那就是一旦太沉迷，就會耗費很多時間。當作娛樂消遣當然沒問題，但如果作為吸收資訊的工具，在使用上要學會適可而止。

3. 新聞 App

無論是新聞 App 或是經過整理的資料（Curation）都無妨，建立一個能夠在某種程度上廣泛掌握各種資訊的管道。

廣泛吸收即使和自己沒有直接關係的政治、經濟相關的新聞，可以瞭解世界的動向，和同事、客戶聊天時，內容也更加豐富。

但是，也有很多和自己完全無關的內容，所以不需要一字不漏地看所有內容，只要在有空的時候一目十行地瀏覽就足夠了。

4. Google 快訊（Google Alerts）

很少人知道 Google 提供了「Google 快訊」的服務，提供**關鍵詞變更檢測和**

通知，可以作為吸收資訊的有效工具，而且是免費服務，當然要充分加以利用。

在使用這項服務時，只要輸入**自己有興趣的關鍵字和通知時間**就好。

於是，在自己設定的時間，和關鍵字匹配的新結果就會寄到電子信箱。

我在Google快訊輸入了「安克」等品牌名字，以及「行動電源」等類別名字，通知時間設定在每天傍晚六點。

我每天傍晚在一整天的會議都結束的時間，迅速瀏覽安克的相關新聞，以及其他競爭對手的行動電源新產品資訊。

雖然Google快訊的網羅性和正確度有待加強，但因為不必特地搜尋相關新聞，就可以掌握資訊，所以節省了大量時間，而且太忙碌的時候，也不一定要每天都看。

5. 公司以外的人際網、講座

簡單來說，就是找機會和公司以外的人接觸。我很重視這件事。

和別人面對面相處，可以瞭解到很多無法從網路上的報導，或是從書上瞭解到的資訊，這些內容也經常對工作有所幫助。

因為需要配合對方的時間，所以和閱讀等其他輸入方式相比，無法隨時進行，但往往可以得到高品質的資訊。

如果無法直接和自己有興趣領域的專家接觸，可以藉由參加講座等，學習相關知識。最近出現了不少線上講座，無論在空間移動的問題上，或是時間上都比以前更加方便，是吸收最新趨勢的有效方法之一。

無論身在何方，無論活到幾歲，都可以磨練自己的地頭力。

並不是只有天才才有出色的地頭力，每個人都可以藉由「學習的習慣」提升地頭力。雖然這個世界上有絕頂聰明的天才，但是縱觀成功的企業和成功人士，就會發現只有一小部分人是天才。

考大學失敗和美國留學激發了我的不服輸性格

我在小學畢業後，考進了東京都內的一所六年一貫的完全中學。我的很多同學都很優秀，我在班上的成績很普通。因為那是一所升學學校，所以我也為考大學持續用功讀書。沒想到最後沒有考上報考的大學，淪為重考生。

在考大學失敗之前，我的人生並沒有任何目標，只覺得眼前就好好讀書，考上大學後再說，在面對落榜的事實，我第一次認真思考自己的將來。

當時，新聞報導幾乎每天都在報導 Livedoor[21] 這家公司，涉及了內線交易收購富士電視台[22]和日本放送協會[23]股票的相關新聞。我第一次聽說「併購」這個名詞時，隱約覺得「從商好像很好玩」。

新聞報導中有很多我聽不懂的專業術語，於是我產生了想要學習這方面知識的想法。

為了考大學，我曾經苦讀英文，所以在讀、寫方面差強人意，但聽力和口說能力就完全不行了。在高中畢業之前，我從來沒有出過國。有一天，我突然發現想要學商，同時提升英文能力，留學似乎是一個不錯的方法，那是我第一次憑自己的意志決定未來的出路。

考大學失敗的經驗，醞釀了我的反骨精神。既然是自己作出的決定，當然必須全力以赴。這件事激發了我的不服輸性格，從那個瞬間開始，我暗自下定決心，「我要成為同世代中的佼佼者」。

因為我重考一年，所以比其他同學晚一年進大學。這件事讓我很不甘心，所以我在美國讀大學時，只讀了不到四年，就提早畢業了。

但是，這並不是因為我天生腦袋就很靈光，我相信我學生時代的朋友也這麼認為。**比起與生俱來的才華或是ＩＱ，源自強烈目的意識的「恆毅力」，才是成功的原動力。**關於這一點，將在第五章的「對１％精益求精的習慣」中詳細談論。

提升地頭力的自問自答

如前所述，**地頭力就是思考次數的持續累積。**

人類的大腦遇到提問，就會開始思考，所以可以主動發現問題後問自己，這種方法還可以培養提出問題的能力，一舉兩得。

21. 編註：成立於二〇〇七年，日本一家網際網路服務供應商，現為 LY Corporation 集團控股公司。
22. 編註：日本一家以關東地方為主要播放區域的無線電視台，是富士新聞網及富士電視網兩家電視聯播網的核心局，於一九五九年開播。
23. 編註：成立於一九五〇年，日本的公共媒體機構，即「ＮＨＫ」。

走進餐廳時，可以在觀察餐廳內的情況、菜單和員工的同時思考。

「不知道這家餐廳的利潤有多少？」

「客單價是五千日圓，假設每天有四十名客人，一個月營業二十五天，月營收就是五百萬日圓。成本大約〇日圓左右，所以利潤差不多〇日圓。」

去星巴克喝咖啡時，可以思考一下**「續杯的價格低於第一杯的半價，星巴克到底是基於什麼目的引進續杯券這個優惠方案？」**

續杯券是在星巴克購買咖啡時，收據上所附的優惠券，可享當日相同飲料續杯優惠。

比方說，可以按照以下五個步驟思考。

1. 第二杯的價格是一百六十五日圓（內用含稅價格）仍然有利潤。
2. 使用記名的星巴克隨行卡支付，可以享受比一百六十五日圓更優惠的一百一十日圓（內用含稅價格）的價格續杯，所以還可以發揮CRM[24]的效果。

3. 重度咖啡飲用者會用兩杯的平均價格來思考，會覺得「很划算」。
4. 即使客人不喝第二杯，店家也完全沒有損失。
5. 可以藉此間接降低客人跑去其他競爭咖啡店的風險。

在用 Uber Eats 叫外送時，不妨思考一下**「有這麼多外送平台，為什麼 Uber Eats 最受歡迎？」**

Uber Eats 和其他外送平台相比，使用者介面很友善，而且可以在 App 上隨時清楚掌握外送員目前在哪裡。

點外送時，當然越快送達越好，但是比起三十分鐘縮短為二十五分鐘，可以隨時知道什麼時候送達，就可以減少等待的壓力，甚至可以利用送達之前的幾分鐘時間沖個澡。這些都可能讓人覺得 Uber Eats 平台比較好用。

只要在日常生活中，用自己的方式找到問題的答案，就可以加強思考能力。

24. 編註：Customer Relationship Management，顧客關係管理。

「爲什麼會這樣？」——懷疑前提的人，和不懷疑前提的人

大學快畢業時，我為了尋找畢業後的工作去拜訪學長，學長告訴我「要磨練地頭力」，成為我建立自問自答習慣的契機。

除了思考問題的答案，還要進一步咀嚼**「為什麼會這樣？」**，思考**「這樣的前提沒問題嗎？」**，**如此就能夠培養懷疑前提的能力**。

當你在接手公司內的某項業務時，如果問：「為什麼要採用這種沒效率的方式？」是不是會聽到「因為之前的人就是這麼做」的答案？

遇到這種情況時，就必須思考和檢討，之前的人是否採取了最佳的方式。

目的意識也很重要。

很奇妙的是，當有了達成目標的意識，就可以增加天線對目標的敏銳度，眼睛所見、耳朵所聞，以及所有的一切，都會和目標產生連結。

無論看到什麼、聽了什麼或是讀了什麼，都會努力運用在達成目標上。

於是，就可以得到比吸收的知識更大的收穫。

02 重複「學習」和「反學習」

反學習不可或缺的理由

反學習（Unlearning）就是刻意忘記之前所學的知識和習慣，也稱為「忘卻所學」或是「打散所學」。

反學習之所以成為討論的話題，有兩大背景原因。

原因之一，在於人類大腦的記憶容量有限。從腦科學的角度來說，大腦有足夠的容量，但是恐怕幾乎沒有人能夠滔滔不絕地說出一個月前背的簡報內容。

以我個人的感覺，我認為正因為適度忘卻，才能夠記住新的事物。

這就像衣櫃內塞滿衣服的狀態，必須不時斷捨離掉一些已經不穿的衣服，才有空間放新的衣服。

忘記之前所學，學習新知識的速度就會加快，學到的知識也更加正確。

另一個原因，就是這個世界瞬息萬變，之前成功的方法不再適用。過去成功的處理方式未必能夠在今後遇到問題時也成功解決問題，只不過放棄熟悉的武器會讓人感到不安。

對從小掌握了劍術的武士說：「明天開始丟掉劍，開始用槍。」武士恐怕也會感到無所適從。

通常會以為使用熟悉的武器打仗對自己更有利，但是歷史已經證明無法獲勝。如果繼續過去曾經獲勝的戰略和武器打仗，經常會落敗。

每個人都想貪圖輕鬆，做相同的事很輕鬆，也沒有太大壓力。

「因為過去就是這樣做，今後也不需要改變，只要做相同的事就好」。這是不追求成長的人的想法。

即使目前是業界龍頭企業，但成為龍頭的方法分分秒秒都變得陳舊。

一旦安於身為龍頭的現狀，就難以發現周圍的環境發生了變化。

晚起步企業的優勢

相較之下，**晚起步企業隨時都在摸索在現狀下能夠獲勝的方法，也因此很容易找到新武器。**

晚起步企業如果使用和先行企業相同的方法，絕對無法獲勝。雖然晚起步，但仍然能夠在商戰中獲勝，就是因為使用了新的想法和武器加入戰場，才能夠贏得勝利。

同樣的，大企業的行銷經驗未必適合安克日本。因為不同公司的企業品牌力、銷售的商品和投入的時期都不一樣。即使對大企業來說，電視廣告很有效，相同的手法對安克日本未必有效。把其他企業的成功經驗作為備案當然沒有問題，但是那些經驗並不是萬靈丹，而且通常已經落伍，所以不再適用。因此，適度捨棄陳舊的方法，才能夠學到新知。

把成功的方法作為一種假設，不要直接使用，**加入新的變數重新建構很重要。**

只要搞錯一個前提，結果就會完全不一樣

日本棋王羽生善治[25]先生在他的著作《直覺力》[26]中提到以下的內容。

「我隨時提醒自己，**『避免遁入自己擅長的棋路』**。將棋是注重戰法和下棋步法的比賽，導向自己擅長的棋路當然很輕鬆，我也想要貪圖輕鬆，但是如果一味貪圖輕鬆，就會提不起勁，也會覺得喘不過氣。」

為了「避免遁入自己擅長的棋路」，必須注意到目前的工作和之前的工作之間的變數。

只要有一個變數，就要從零開始思考。

比方說，在製作同類型產品的網頁時，假設之前曾經有過成功的經驗，通常會打算八成左右沿用之前的方式，改變兩成左右。

這種貪圖輕鬆是人之常情，但是，必須注意到兩種產品的功能和價格等變

數，從零開始思考，研究從哪一個切入點讓消費者瞭解產品的優點，是對產品的最佳宣傳。

記住一件事，那就是只要搞錯一個前提，結果就會完全不一樣。

之前的最優先課題是致力於廣告和行銷，提升自家產品的認知度，但是，當競爭對手推出新產品後，就必須從零開始重新審視。

我個人完全不排斥捨棄過去所學，只要有更理想的新知識，隨時願意修正過去的知識。

比方說，觀察亞馬遜的暢銷排行榜，瞭解「第幾名每天大致的銷售數量是多少」。但是亞馬遜網站本身每天都在進化，即使同樣是第一名，以前一天只有三百個，現在已經進化到四百個。

要隨時修正數字，頻繁更新自己。

25. 編註：一九七〇～，堪稱當今最優秀的日本將棋棋士，亦是日本將棋史上第一個達成七冠王與「永世七冠」的人。
26. 編註：羽生善治『直感力』，ＰＨＰ研究所，二〇一二。

重摔一跤後，才瞭解到「反學習」的重要性

我個人是在經歷多次失敗之後，深刻體會到反學習的重要性。

反學習有九成都是來自於失敗的經驗。

捨棄過去並不是一件容易的事，但是在遭到挫敗，發自內心瞭解到「以前的方法不可行」時，就成為反學習的契機。

我之前在基金公司任職時，曾經用顧問公司時代的方法處理工作，結果忽略了重要的問題。

在改善生產力不佳的部門時，試圖藉由改善作業步驟解決問題，但那次其實是人事方面出了問題。因為只關心重要度比較低的業務，導致需要大量加班，因而影響了生產力。

當時的我缺乏大局觀，只注意到眼前的問題。

經由這件事，我學到了一課，公司最脆弱的地方容易出現問題，但真正的原因往往在其他地方。

在進入安克日本之後，我也曾經摔過跤。

掃地機器人在大型電商的市占率達到首位的這段路，比原本預計的時間晚了很久。

當時參考了行動電源市占率達到首位時所採取的方法，沒想到過去的成功經驗反而適得其反。因為行動電源和掃地機器人的產品特徵和單價都完全不同。

當初行動電源以規格和價格成功地在市場上爭得一席之地，但是掃地機器人除了吸力等規格以外，對消費者來說，**購買後的安心感**更重要。

瞭解消費者重視產品的哪一部分，宣傳的文案也必須改變。

反學習的三個步驟

以我個人的經驗，反學習有以下三個步驟。

① **發現之前的方式不可行，或是由旁人指出這件事。**

② **虛心接受自己的發現或是旁人的指正。**

③ **分析以前的方法哪些部分可以繼續使用，哪些部分無法再使用，並加以修正。**

①的情況經常是隨著環境的變化而發生。

比方說換了工作時，恐怕沒有人會認為在前公司的成功經驗可以百分之百運用在新的公司，但是往往會覺得至少可以沿用七成左右，結果實際使用之後，就造成了失敗的結果。因為實際情況往往只能沿用三成左右，所以原本以為三成需要反學習，結果七成都需要反學習。

從選手升為管理職時，也是反學習的機會。

在選手時代很成功，在擔任主管之後就無法成功的人，往往是因為太相信自己的做法正確無誤。其他成員的性格、技能都和自己不同，即使推薦自己成功的方法，其他人也往往無法成功。

而且，完美主義的主管往往會要求其他成員也達到完美境界，結果就淪為微觀管理，如果主管中長期都一直管太多，連小事都要插手，就會影響團隊成員的士氣。

要重新認識到換了職位之後，不再是「管理自我」，而是要「影響他人」，掌握反學習這項技能。

學習的習慣中，「虛心受教」很重要

②中最重要的就是虛心。

年輕時，往往很少有成功的經驗，但這也是優點。

因為這樣就能夠隨時虛心學習。

當成功經驗逐漸增加，就很容易在這些成功經驗的基礎上思考問題，無法學到真正需要的事。

隨時能夠成長的人無論到了幾歲都很謙虛。

具體而言，他們保持虛懷若谷。當周圍人提出正確的意見時，能夠虛心地認為對方的意見「有道理」。

在我擔任顧問的公司，也有比我年長的人，很多人都願意真心誠意地學習電商相關知識和自己不擅長的技能。我自己本身也不是社群行銷的專家，有時候也會請教在社群行銷方面做出成績的年輕行銷專家。

無論活到幾歲，虛心學習絕對有助於自我成長。

這個世界上有兩種人，虛心的人和不虛心的人。

虛心的人遇到自己不會的事願意不恥下問，能夠馬上接受別人的指導。

但是，不虛心的人都很頑固，「無法接受別人的建議」。

虛心的人內心的學習門檻很低，很容易接受新的刺激，然後會留下對自己有幫助的內容，摒除沒用的東西，這種人隨時都在成長。

沒有變化的企業看似安定，但是必須察覺到，其實這樣的企業是漸漸陷入負成長。

像我們這樣的新創企業之所以適合年輕人，就是因為沒有包袱，因此，那些能夠在新創業公司大顯身手的人生高年級生都具備了反學習力。能夠勇於捨棄該捨棄的東西，虛心學習的人，無論活到幾歲，都能夠活躍在第一線。

在瞭解以上的狀況後，就進入③的步驟，分析以前的方法中，哪些部分可以使用，哪些部分無法繼續使用，加以修正，這就是反學習的第三步驟。

自動反學習的方法

因為想要持續成長，所以才要反學習。

團隊有成長意識，就會對反學習抱有肯定的態度；相反地，如果缺乏成長意識，就會對反學習持否定的態度。如果周圍的人都不學習，個人很難維持學習的習慣，所以要努力讓自己身處一個容易反學習的環境。

我在擔任顧問的公司，經常會根據安克的經驗，提出自己的意見，但對我而言，也是重要的學習機會。

我在這些公司擔任顧問的經驗，讓我瞭解到安克的成功經驗可以在其他企業複製幾成，同時也成為我反學習的機會。

和各種不同企業各種不同的人談話、發現課題，具體尋找解決方法的過程中，會有重大的發現，同時進行學習和反學習。

和其他經營者交流時的情況也很相似。

向持續創造業績新高的經營者學習之前不瞭解的方法，就可以很自然地反學習，重新發現新的商戰方法或是自家公司的武器。

除了經營者以外，也可以坦率地向自己周圍在工作上有成就的人，或是各個領域的專家發問：

「請問你最近關心哪些人和事物？」

「請問你最近看了什麼書？」

即使不需要見面，也可以透過追蹤自己有興趣的人物的推特，瞭解對方的想法。

如同安裝新的軟體時，舊的軟體就會自動反學習，所以我大力推薦。

「小事也要堅持做到好」，是從失敗中站起來的思考方法

有時候即使很努力，也未必會有理想的結果，成果只是衡量的標準之一。

在新冠疫情期間，無論餐廳再怎麼努力，營業額可能也無法增加。

但是，餐廳的營業額沒有增加並不代表沒有成長，**有時候即使已經成長，但**

成果仍然可能不理想。

我們可以從失敗中學到很多。

想要從失敗中學習，就必須明確判斷步驟。

首先要明確「針對○○課題，××方法應該可以發揮效果」這樣的判斷步驟。

當結果不理想時，就可以明確回顧「原來忽略了從這個角度看問題」，或是「這個分析出了問題」。

遇到這種情況時，只修正錯誤的部分往往無法成功。

因此，**必須避免「搞不清楚為什麼失敗」、「莫名其妙就成功了」之類的情況**。

如果不知道為什麼失敗，就會再次失敗；如果不知道為什麼成功，下次就無法順利複製這次的成功；如果無法複製成功經驗，就會一次又一次失敗。

一旦持續失敗，人就會在感情上陷入疲勞。

這種時候，很推薦各位「**小事也要堅持做到好**」**的思考方法**。

當挑戰大幅超過自己能力的事，很容易失敗，而且會很快疲勞。

以減肥來說，一下子瘦十公斤很辛苦，而且馬上就復胖，讓人覺得心情很差，很容易放棄。

但是，不妨建立兩個星期瘦一公斤的目標。有人會覺得，稍微努力一下，應該可以達到這個目標。

當兩個星期後，真的成功瘦下一公斤，在很有成就感的同時，也會建立自信。這種自信就成為堅持的力量。

然後再慢慢提升目標，累積兩公斤、五公斤，最終達到減肥十公斤的目標。

確認「我能夠做到這樣的事」，就會帶給自己小小的喜悅。

03

成為倒T型和倒π型的人

「倒T型人」和「倒π型人」受到矚目的理由

我推薦大家成為**倒T型人**、**倒π型人**（見下頁圖表2）。

倒T型人就是在一個專業領域有廣泛見解的人才。

倒π型人則是在多個專業領域有廣泛見解的人才。

倒T型和倒π型的縱軸都是專業知識和技術，橫軸代表綜合知識和技術。

在以前的日本社會，只要是公司內部的通才，就可以很吃得開。

在公司的各個部門累積經驗後，逐漸升遷，一步步升上主管和董事。

圖表 2　「倒 T 型人」&「倒 π 型人」

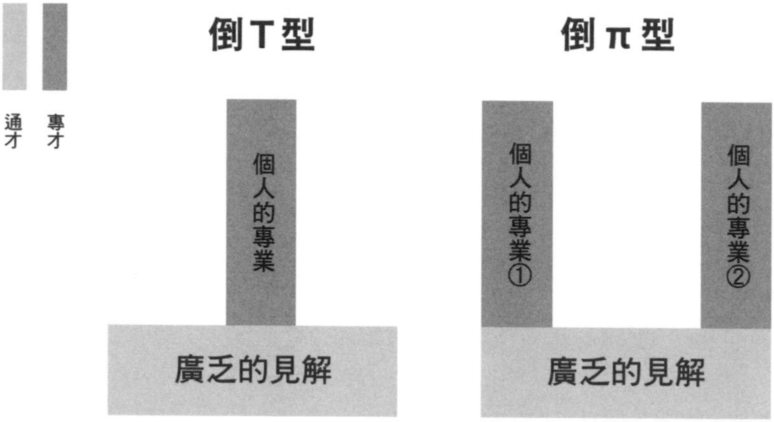

但是，在當今的社會，如果缺乏紮實的專業性，很難為資歷加分。在以前的社會，必須在通才和專才之間二選一，但其實兩者並非不可兼得的魚和熊掌。

每隔幾年，就必須強制輪調工作的環境，對於在同一家公司內逐漸升遷或許有用，但如果不想一直在某一家公司步步高升，要在那樣的環境下，培養出能夠很有自信地說「我可以勝任」的專業並不容易。

在具備身為商務人士的基本技能基礎上，鑽研一項以上的專業，無論走到哪裡，都可以大顯身手。

在擁有一、兩項專業後，再拓展橫軸，讓自己的資歷更完整。當具有專業，又兼具廣泛的知識和見解，在勞動市場的價值就更高。

比起副業，更應該深入鑽研本業

最近有些人賤價零賣自己的技能，但我個人認為，首先必須培養紮實的專業，在本業上持續鑽研精進。

至少在二十多歲時，不太建議把本業丟在一旁，積極投入副業的做法。我在三十歲之前，從來沒有做過本業以外的工作。

一方面是因為三十歲之前，我都在顧問公司和基金公司，所以做股票投資等副業會有很多限制，但是以結果來說，能夠專注本業的環境對日後大有幫助。

徹底鑽研本業，可以為自己打造更高的市場價值。

我認為這就是我能夠在三十三歲時，成為安克創新集團內年紀最輕董事的原因。

比起樣樣通，樣樣鬆，還不如透過本業，成為「倒T型人」和「倒π型人」。

首先，要先成為倒T型人，每個人一開始都沒有任何專長。

透過學校的教育，原本平坦的地面開始漸漸隆起，然後再有意識地加強自己想要培養的領域。除了進入大學、專科學校學習以外，還可以透過工作，讓縱軸越來越高。

於是就能夠培養競爭對手所沒有的技能，成為「出頭鳥」。

如何成為專業×專業的「倒π型人」，提升市場價值

將不同的專業結合，就可以成為更加獨特的存在。

這就是所謂的「倒π型人」，當具備兩項專業技能時，就具有更高的市場價值。

電商是我的專業之一。

我尤其擅長大型電商平台的銷售策略，以及如何促進D2C事業的成長，因為曾經親身經歷過這個過程，所以有第一線的手感。

而且，我從二十多歲開始，就參與了許多經營策略和組織策略的決定。

在無法預測未來的世界情勢中，**想要靠自己的能力賺錢，就必須具備別人所沒有的獨特性。這種獨特性無法一蹴而就，而是要徹底專注本業，才能夠看到的風景。**

無論在公司內外，只要能夠成為無可取代的存在，就可以進一步提升自己的市場價值。

但是，倒T和倒 π 的縱軸部分要提升到何種程度見仁見智。將專業領域提升到工作上可以運用的程度，還是進一步提升到研究人員的程度，所需要投入的時間也大不相同。

在精進專業的同時，拓展相關領域，就可以更深入

做生意取決於綜合能力。

只要提升自己的專業，可以很自然地更瞭解相關領域的知識。

當行銷是自己的專業時，因為也會接觸到銷售和會計，所以就會學習銷售和會計的相關知識。

專注某項專業，並不是直線式地深入鑽研，而是要同時學習相關領域的知識，讓學到的知識更深、更廣。

如果想深入瞭解行銷，可以在學習銷售的同時，在第一線實際參與銷售工作。

做生意無法只靠行銷，累積行銷前後的銷售過程，就可以更進一步加深

理解。

我剛進安克日本時，擔任事業部門的總監，首先針對核心的行銷和銷售業務進行改善，接著開始重新評估供應鏈管理（Supply Chain Managment：SCM）。我之前在顧問公司和基金公司任職，供應鏈管理完全是陌生的領域。

我甚至不瞭解拆櫃（devanning，將貨物從貨櫃上卸下來的作業）和鋼製輕便貨架（nestainer）這些基本用語，更不瞭解什麼樣的物流作業流程最理想。

最佳交貨期間是多久？百分之幾的不良率屬於正常範圍？如果不瞭解什麼是正常的狀態，並且缺乏實現這種正常狀態的基礎知識，就無法改善業務。

於是，我透過相關書籍學習了基礎知識，至於重點部分，就直接傾聽現場工作人員的意見，在瞭解現場狀況的同時加以改善。

除此以外，**具備橫軸（廣泛的見解）**，**討論時就可以更加深入**。

和其他公司的經營者談話時，對經營者本身和那家公司有基本的瞭解之後，可以學到的知識量也大不相同。

這有點像在參加講座之前進行預習。

去參加外面的講座時，先稍微調查一下講師的背景，或是看和講座主題相關的書籍，就會有很多新的發現，發問的精準度也完全不一樣。只要稍微學習一下基礎知識，就可以大幅改善理解程度，無論自己還是對方，都可以有很大的收穫。

04

我的學習方法

將棋的棋譜有助於導向經營的成功模式

如前所述，我在初中和高中時都參加了將棋社，我們學校的將棋社有個人晨訓。

晨訓的內容就是參考刊登了職業棋士棋譜的《將棋年鑑》[27]進行練習，於是就會瞭解到，職業棋士遇到這種局面時會如何下棋。

在此之前，當然先透過看書，學會了基本規則，但藉由職業棋士的實戰紀錄，更加深入學習將棋。

27. 編註：從昭和四十三年（一九六八）開始發行至今，日本將棋聯盟定期性刊物，每年八月出版。

學習棋譜是「基礎中的基礎」。

下將棋時，如果不記住最初數十步棋的步法，就會處於劣勢，所以要作為知識牢記在心。

這是將**前人的具體實例抽象化，導向成功模式的作業**。

只要從中發現規律性，就能夠掌握套路。

不光是將棋，運動競技、設計、建築、音樂、繪畫等不同的世界，都一定有套路。

只要先掌握套路，就比較容易複製勝利模式。

在瞭解套路之後再加入戰局，可以減少實戰時的思考時間，能夠將時間花在更本質的事情上。

在商場上，只要具備掌握套路的能力和抽象化能力，就可以將別人的例子套用在自己身上，運用成功機率高的方法，一次又一次複製成功模式。

持續正確的訓練，是培養抽象化能力唯一的方法。

接觸大量的具體事例，努力瞭解其中的套路。

從無數成功事例中瞭解成功的套路後，這種學習過程就會成為血肉，在牢記這些套路之後，就能夠看到超越套路的妙計。

不瞭解套路的靈感，只是瞎貓碰到死老鼠，無法再次複製。

掌握套路，超越套路的靈感，具有引導向下一次成功的可複製性。

兩大必不可少的學問

「年輕時該學習哪些知識？」

比我年輕的公司員工或學生經常問我這樣問題。

世界上有各種不同的職業，無法一概而論，但對商務人士來說，如果目的是為了提升資歷和年收入，我通常會回答要學習「**會計和英文**」。

之所以這麼回答，是因為無論在任何年代學習，會計和英文的內容都幾乎不會有太大的改變。

英語是語言，會計的標準會有些微的變化，但基本內容並不會有太大的改變。

看不懂財務報表，就無法經營企業，隨著職位的提升，會計是不可或缺的知識。

英語的性價比更高。

雖然要視具體的職務內容，但是會不會英文，年收入通常會相差一百萬到兩百萬日圓，如果升到董事級，差異就更大了。

日本人需要學習多少小時才能掌握英語？對於這個問題眾說紛紜，但平均為兩千到三千個小時。

小學、初中和高中的英文課時間為八百八十一小時（參考三浦秀松所著的《武庫川女子大學情報教育研究中心紀要》中，「關於引進英語學習歷程的意義和開發相關考察」）。

不妨取兩千到三千小時的中間值，認為學習英語兩千五百個小時，就可以掌握這門語言，兩千五百小時扣除八百八十一小時後，還要再加強一千六百一十九小時。

或許要達到這樣的目標有一定的難度，但每天抽出兩個小時學習，兩年三個月左右就能夠達到目標。

換一個角度思考，只要堅持兩年三個月，年收入就可以增加一、兩百萬日圓，就覺得該為自己的未來下點工夫。

四種「擠出時間、使用時間」的方法

有些人雖然很想讀書，但是實在擠不出時間。想要擠出時間，基本上只有以下四種方法。

1 效率化
2 選擇和集中
3 同時進行
4 外包

1. 效率化

有錢可以買到時間。聽到這句話，你有什麼感想？

假設有人原本為了省幾十日圓，花了一個小時去超市買東西，如今改在離家走路五分鐘的便利商店買。

雖然和超市相比，便利商店的確比較貴，但在便利商店購物，可以節省下很多時間。

除此以外，也可以用花錢的方式節省移動的時間。原本搭電車的人改搭計程車，就可以利用多出來的時間工作，如果計程車的車資低於自己的時薪，就斟酌運用。

這不是浪費，而是投資。

雖然像睡眠時間之類的時間無法靠花錢買到，但是，**花錢買時間，中長期來看，反而可以賺更多錢**。

投資計程車的車資可以買到時間，利用這段時間增加工作的輸出，或是讀書為增加未來的年收努力，就可以獲得超過投資金額的回報。

但是，必須根據自己生產力的程度，階段性提升這些時間投資的金額，否則就不是投資，而是浪費。

我在二十多歲時也很少搭計程車。

因為我當時的生產力和時薪並不高，所以搭計程車會入不敷出。

世界各地很多知名的經營者搭私人飛機前往各地，也是對時間的投資，因為他們的時薪遠遠超過高額的私人飛機費用，所以他們才選擇用這種方式出行。

他們搭私人飛機可以為公司和社會創造更多價值。

2.選擇和集中

選擇和集中，就是「**決定不做什麼事**」。

想要打電動，也想要踢足球，也很想去露營，但是無法一下子同時做三件事。

每個人的時間都有限，想要自我成長，就必須鼓起勇氣，捨棄某些東西。

為了達到目標，必須投入時間，就只能減少原本做其他事的時間。

與其思考什麼事非做不可，不如徹底思考有什麼事不做也沒關係。

人生就是持續選擇，決定了自己不做的事，就有更多時間可以做自己想做的事。

在我二十多歲時，曾經想過以後想做這樣、那樣的事，希望年收入是多少。

該把時間投資在什麼事上，怎樣才能達到這個目標？

我在二十多歲時，決定要專心鑽研自己的專業領域，徹底提升商業的基礎知識和技能。

三十歲之後，我花了很多時間廣泛蒐集各種資訊，也增加了和其他經營者交流的時間。

除此以外，我慢慢減少了工作的絕對時間，比之前增加了放鬆的時間。

隨著職位越來越高，作決策或裁示的頻率也會增加，所以我不再做 Excel 或 Power Point 到深夜，而是隨時保持頭腦清醒，以便作出冷靜的判斷。

包括私生活在內，選擇和集中很重要。

這麼做的目的在於加快成長速度，提高工作的生產力，並不一定要把所有的時間都用於讀書或工作。

提升效率後，人生會更加豐富，也可以對社會作出更多貢獻，這才是最終目標。

3. 同時進行

我經常在家裡踩健身腳踏車的同時，用平板電腦看新聞或是看推特。像我這樣有很多事想要做的人，如果有可以同時進行的事，就不需要割捨，所以不妨認真研究一下。

我個人很推薦在第87頁的輸入法中介紹的方法，就是在重訓的同時聽有聲書。越是沒有養成閱讀習慣的人，越是會摩拳擦掌地下定決心，「我今天要來看書！」但是往往虎頭蛇尾，無法持續下去。

「聽書」很方便，因為不會占用雙手雙腳，可以同時做很多其他的事。很多人會邊聽音樂邊工作或是邊讀書，所以只是把聽音樂改成聽書而已，這樣就很容易堅持。

或許有人認為，邊聽書邊寫功課，大腦會陷入混亂。

但是，一旦適應之後，兩件事可以同時進行，而且之後還可以用兩倍速、三倍速聽書，可以同時發揮活化大腦的作用，推薦各位務必嘗試。

4. 外包

日常生活中，有許多該做的家事。即使一個人生活，煮飯、洗衣服、打掃這些家事都少不了。

我平時吃飯不是外食就是叫外送，從來不自己下廚。對喜歡下廚的人來說，下廚是一石二鳥，也算是有效使用時間的方法，像我這種不喜歡做菜的人，並不值得把時間花在廚房。

洗衣服都交給洗衣乾燥機，我基本上只穿可以丟進洗衣機洗的衣服，這也算是一種逆思維，需要熨燙的衣服即使需要多花一點錢，也都會送去洗衣店。

家裡的打掃基本上都交給掃地機器人處理，水槽或是洗手台的簡單打掃就自己動手清理。

認真打掃浴室很花時間，我都會請清潔公司定期上門打掃。

外包時，當然需要付錢給外送業者、洗衣店和清潔公司。

但是，這和搭計程車一樣，用花錢買時間的角度思考，就覺得物超所值。

那些可以節省做家事時間的家電可以發揮很大的作用。雖然大家可能覺得價格不便宜，但是從使用頻率反向推算折舊費，對大部分人來說，都應該物超所值。

讓生活和工作更充實

用這四種「擠出、使用時間的方法」擠出的時間，到底該如何使用？

可能有人以為我會把所有這些時間都用於工作或是學習，但事實並非如此。

我很喜歡看國外的影集，一旦迷上某部劇，就會忍不住一集一集追下去，常常花費了很多時間。

國外的影集在每一集結尾時，都會吊人胃口，讓人很好奇下一集的內容，有時候不知不覺就看到深夜。

為了確保這種享受娛樂的時間，我提升了工作效率，努力擠出時間。

如果家中有另一半或是孩子，就可以用擠出來的時間陪伴家人。和家人交流的時間增加，不僅可以讓私生活更圓滿，也可以減少平時的壓力。

我將在第六章的「偷懶習慣」中詳細介紹，**有喘息的時間，比一直坐在桌前工作更能夠讓成果最大化。**

玩樂可以讓私生活更愉快，工作也更有效率。

希望各位能夠實踐本書中介紹的方法，只要玩樂和工作更加充實，你的人生將會綻放出更燦爛的光芒。

CHAPTER

4

因式分解的習慣

01

因式分解能力就是工作能力

笛卡兒關於分解的名言

哲學家勒內．笛卡兒[28]曾經說過一句名言：

「把每個困難的問題，分解成很多可行且必要的小問題來逐一解決。」

（Divide each difficulty into as many parts as is feasible and necessary to resolve it.）

這句名言在商務上也是重要的觀點。

「瞭解」才能夠「拆分」，「瞭解」才能夠採取對策。

即使想要「增加營收」，光是這麼想，無法知道該怎麼做。

所以必須思考實現「增加營收」這個目標的具體手段。

將電商的營收進行因式分解，發現可以拆分為**工作階段**[29]×**轉換率**[30]×**平均單價**這三個部分，要在分解這些要素的基礎上思考對策。

將流量繼續分解成兩大類，就可以分為「客人主動搜尋後造訪的自然流量」和「企業藉由廣告等吸引客人造訪的廣告流量」。

如果是在電商平台，還可以繼續將後者的廣告流量分解，分為要在電商平台內下廣告，還是在外部下廣告。

這只是一個例子，當上司要求「希望可以增加營收」時，在急得像熱鍋上的螞蟻，不知道該怎麼辦之前，不妨先靜下心，**培養「分解思考的習慣」**。分解得越細，不僅課題更加明確化，更容易建立具體的對策。

28. 編註：René Descartes，一五九六～一六五〇，法國哲學家、數學家和科學家，被廣泛認為是近代哲學和解析幾何的創始人之一。
29. 原註：session，造訪網站的使用者，也就是流量。
30. 原註：Conversion Rate，CVR，指點擊後訂單成交的成功率。

MECE爲什麼很重要？

進行因式分解後，要進一步思考**要素的關係性**，也許有不少人曾經聽過MECE（mutually exclusive, collectively exhaustive）這個名詞。

直譯的意思就是「互不重複，互無遺漏」，也就是「不重不漏」。

商務上的課題越大、越複雜，往往無法馬上找到直接的對策。

以前面的例子來說，即使上司要求「增加營收」，也往往無法立刻知道該採取什麼對策。

但是，只是隨意分解，和意識到MECE進行分解，會有完全不同的結果。

當分解時有遺漏或重複時，就會導致無法解決問題，或是一直重複遇到相同的問題。

進行分解時，第一章「整體優化習慣」中的「**大局觀**」很重要。

所謂大局觀，就是「先見林，再見樹」的感覺，如果無法縱觀全局，就無法進行分解。

專心思考時，視野很容易越來越窄，結果會因為太拘泥於小節而無法看到整體，必須從俯瞰的角度觀察整體，不重不漏。

以行動電源為例，首先要掌握市場整體的情況。瞭解產品是在線上的銷量比較好，還是在線下的實體店面銷量比較好。如果線上的銷量比較好，就要瞭解消費者考量的重點是什麼。假設分析後發現，很多消費者重視「容量價格比」。

如此一來，原本「如何提升行動電源的營收？」這個模糊的課題，就變成「是否能夠針對在線上暢銷的容量，推出在價格上比競爭對手更有優勢的產品？」這個具體的課題。

這是將課題簡單化的例子，並不是所有的課題都能夠像這樣用單一對策來解決，不過，這也有助於為效果理想的對策排出優先順序。

分解課題後，更容易提出假設性的對策。

因果關係和相關關係

現代商業社會，數據分析不可或缺，但是數據本身，就只是數字的羅列。**根據這些數據**，**「如何解釋」才是重點**。為了正確解讀數字，也必須進行分解。

在商業上，A 和 B 兩個字有時候看起來似乎相關。比方說，從數據資料中發現，冰淇淋的營業額和溺水意外的發生數都在夏天增加。

這兩個數字**有相關關係**，**但是並沒有因果關係**。

相關關係就是 A 和 B 這兩件事有某種關聯性。從數字可以發現，當 A 增加時，B 也有增加或是減少的傾向。

因果關係則是因為 A 的原因，造成 B 產生變動。

因為是夏天，所以去海邊或游泳池的機會增加，吃冰淇淋的機會也增加（相關關係），但冰淇淋的營業額增加（或減少）並不是造成溺水意外的增加（或減少）的原因。

當A和B這兩個數字有相關關係時，通常有以下幾種情況。

- **A增加（或減少）會造成B增加（或減少）的「因果」關係。**
- **B增加（或減少）會造成A增加（或減少）的「因果」關係。**
- **當增加（或減少）C這個新的要素時，A和B都會增加（或減少）的「看似相關」的關係。**
- **純屬巧合。**

「因式分解力」需要正確性和速度

比方說，因為新冠疫情的關係，行動電源的營收下降，就認定是因為疫情導致民眾減少外出，導致市場整體低迷，這種把因果關係單純化的分析方式很危險。

因為這會導致認為是因為疫情這個大環境的因素造成低迷，所以是非戰之罪，就不會採取對策。

但是，競爭對手可能在逆風中投入新產品，擴大市占率。

假設因為疫情的關係，市場整體縮減了百分之二十。

如果自家公司的營收減少了百分之四十，就意味著還有其他原因造成了這百分之二十的減少。

想要迅速而精準地判斷，就必須進行分解。

重要的是，要先懷疑市場整體低迷這個假設，確認產品市占率相關的要素，以電商來說，搜尋排名的變化、銷售排行榜的變化；如果是實體店面，則要確認貨架上的陳列方式是否有大幅度的變化，確認是否遺漏了什麼要素。

如果在銷售排行榜上的排名落後，就和市場無關，只是自家產品比不過別人而已。

正因為商場本身變得複雜，課題原因也複雜化，所以，是否能夠正確而迅速地進行「因式分解」，就成為決定勝負的關鍵。

為什麼第一手資料很重要？

使用數據資料時，要盡可能使用第一手資料。

企業經常試圖從問卷調查中，瞭解市場動向和消費情況，相信讀者中，也有人曾經從企業的角度，或是普通消費者的身分參與過這種調查。

但是，在填寫問卷調查時，到底會多認真回答？

我們公司在進行問卷調查時，在「請問您在哪裡購買商品？」這個問題的回答中，總是有相當比例的人勾選根本沒有銷售我們產品的銷售通路，在針對公司的認知度進行調查時，只要調查方法稍有不同，就會產生超過百分之十的差異。

必須養成懷疑問卷調查等藉由其他管道得到的第二手資料的習慣，**努力獲得自己親自所見所聞獲得的第一手資料**。

為了避免產生誤會，所以在此補充說明。第二手資料也很重要，我們公司也會靈活運用包括問卷調查在內的各種第二手資料。

因為時間有限，所以不可能蒐集到所有相關的第一手資料，而且如果堅持非第一手資料不可，就會影響推動事業的速度。在掌握關鍵重點的同時，想要大致瞭解整體狀況時，經常只需要分析第二手資料就足夠了。

但是，在作出重要決定時，就必須根據第一手資料，也就是自己親眼看見、親耳聽見的資料進行判斷。因為在這種情況下，無論成功或是失敗，自己都會心甘情願，最重要的是，如果使用第二手資料作出決定，萬一失敗時，提供資料的人也無法負起任何責任。

在籌備安克的直營門市時，我事先視察了所有地點，也參與了開幕的準備工作。因為只有去到現場，才能夠瞭解消費者實際的視角和細微的動線。在判斷是否要投資那家店時，手上的數據資料幾乎都是第二手資料。雖然可以根據周圍的人潮和商業設施的特設情況預測業績、進行資料分析，但如果只是用這種「紙上談兵」的方式，會漏失很多重要的資訊。

雖然那家商業設施有很多人潮，但是因為店面前的動線不佳，所以很少有人經過；店面位在路燈很暗，女性不願意走的那條路中間，樓層整體的氛圍和品牌形象不相符合等情況，都需要實地才能瞭解。

自己前往現場親眼看、親耳聽，實地加以確認的好處，在於能夠親身感受。如果缺乏對現場的感受，只憑聽來的情況或消息等第二手資料判斷是否要開設那家店，就容易犯錯。

在開店之後，如果店面的業績沒有起色，和店長討論改善方案時，因為曾經親臨現場，所以能夠提出更具體的方案。

針對第二手資料進行分析，並透過第一手資料進行確認和修正，就可以大大減少判斷的失誤。

分析時，傳統方式比高科技更有用

不要以為靠 Excel 分析，就可以獲得必要的數據和假設。

越是看起來很聰明的人，越容易認為只要用電腦分析，就可以得到答案，但我從來沒有看過只靠電腦分析獲得成功的一流商務人士。

實際前往生產工廠看生產線的情況，或是去店面觀察，可以發現很多坐在辦公室的辦公桌前絕對不可能瞭解的事。

重點是努力建立更精準的假設，至於自己在分析時看起來是不是「很厲害」，一點都不重要。

02 學會假設性思考

爲什麼假設性思考很重要？

在商場上，預測未來很重要，要用「因為××，所以是否可以做〇〇」這種邏輯思考處理問題。

假設是在蒐集資訊中途和進行分析作業之前的「暫時答案」。

很多人都以為「資訊越多越好」、「資訊越多，越能夠做出理想的判斷」。

這和ＡＩ在下將棋時，思考棋路的方法相同。

瞭解所有的棋路之後，從中選擇最佳的一步棋。

但如果人類做這件事，就會在蒐集資料上耗費大量時間。

用邏輯思考驗證每一步棋，就會在解決問題上耗費龐大的時間。如果要逐一調查所有可能性，瞭解這些可能性的結果，無論時間還是勞力都不夠用，無法做出成果，還沒有瞭解到問題的本質，就已經超時了。

透過將棋磨練的直覺力和假設性思考

我透過將棋，掌握了假設性思考。

將棋的每一個局面，都會有一百種棋路可走，但因為時間有限，無法驗證所有棋路的可行性，必須在短短數秒時間內，挑出幾種候補的走法（＝假設），然後驗證哪一種走法是最佳選擇。

提出假設後，可以壓倒性縮短思考的時間。以眼前的現實和自己的知識為基礎預測未來，建立「應該會有這樣的結果」的有力假設，然後加以驗證。

建立假設後，就可以列出必須驗證的項目，有效地解決問題，得出結論。

我在高中時代的將棋社，曾經進行所謂「三分鐘定輸贏」的練習。

下棋的雙方都只有三分鐘的時間，一旦超過時間就輸了。

比賽剛開始不久，差不多一秒鐘就可以走一步。

進入中間階段，每走一步差不多要花費十秒鐘的時間思考，但即使進入最後關鍵的局面，也不可能為了一步棋想幾十秒。

這項練習可以磨練直覺力。

三分鐘將棋中，有一件很重要的事，那就是可以憑直覺下棋，但如果亂下就會輸。

要求在短時間內下的每一步棋都是最佳選擇當然很困難，但如果隨便亂下，很快就會陷入對自己不利的形勢，難以讓戰況反敗為勝。這種「三分鐘定輸贏」的練習，有點像是在持續驗證最先想到的假設。

假設性思考可以大幅縮短時間

大部分人都沒有強烈意識到做生意有「時間限制」這件事。

一旦決定了時間限制，就會激發專注力。

將棋會設定時間限制，**其實在商場上，也有肉眼看不到的計時器，很多時候**

因為沒有發現這件事，導致超過時間限制而落敗。

商務人士必須在時間限制內作出結果，所以必須具備假設性思考的能力。一旦掌握了假設性思考，就可以大幅強化以下「成果公式」中「質（輸入×思考時間）×量（試錯次數）÷時間」的部分。

【成果公式】

成果＝「質×量÷時間」×「使命×價值」

一旦掌握了假設性思考，即使「暫時答案」錯誤，也能夠及時發現，獲得建立新的「暫時答案」的靈感。

不妨以醫生和警察的工作方式為例加以思考，醫生根據病人的症狀，推測可能的疾病，根據建立在知識和經驗基礎上的假設進行診斷。如果試圖針對所有可能的疾病進行檢查，查出真正的原因，就會耗費太多時間，緩不濟急。

警察在辦案時，也會先建立假設。比起像無頭蒼蠅一樣，漫無頭緒地找兇手，先找出線索，再順藤摸瓜更有效率，找出線索的行為，幾乎就等同於建立假設。在發生命案時，第一波偵查耗費越多時間，兇手逃亡的風險就越高，為了提升破案率，就必須提升第一波偵查的速度，因此就需要假設性思考。

在日常生活中，也會無意識地靈活運用假設性思考。

比方說，在夏天晴朗的週末開車兜風時，會預測「這條路和通往海水浴場那條路會合，所以可能會有很多車子」，這種預測就是假設。

針對可能會塞車的預測進一步調查的行為就是驗證，如果發現路上可能會塞車，就會決定「提早出發」或是「改走另一條路」。不難發現，大家在日常生活中都會先決定「暫時答案」。

但是，在做生意時，就會陷入「網羅思考」，認為必須盡可能蒐集各種資訊一網打盡，充分分析。一旦採取這種「網羅思考」，很容易淪為紙上談兵，耽誤作出決策的時間。

「先有假設，再蒐集資料」，可以迅速加快工作速度

我以前在顧問公司任職時，接受了「一定要建立假設」的嚴格指導。在日常工作上，持續接受假設性思考的訓練。

不是逐一分析所有課題後導出答案，而是先提出「暫時答案」，然後針對這個暫時答案進行分析和證明。這種方式可以大幅提升解決問題的速度。

在我剛進安克日本時，有些產品還無法達到市占率第一名。

如何才能讓這些產品稱霸市場？我用假設性思考研究了這個問題。和競爭產品進行比較，如果性能不相上下，但在價格上缺乏競爭力，於是就提出「降價是否可以轉敗為勝？」這個假設。如果性能不相上下，價格也相同，就假設「稍微提高性能，是否有機會獲勝？」有些人可能只在量販店購買，所以再次假設，「除了在亞馬遜販售，如果能夠打進量販店，是否可以讓業績進一步成長？」總之，我隨時建立各種假設。

也許各位覺得這樣的做法很理所當然。

但是，在實際工作時，往往會習慣先蒐集資料，而不是提出假設，也就是提

出暫時的答案。

先提出假設，再蒐集資料。

只要養成這個習慣，就可以大幅提升工作效率。

假設性思考的廣告文案在直營門市大放異彩

隨著公司的充電器產品逐漸增加，漸漸無法瞭解各項產品的差異，於是我們做了一張性能比較表。

當時是基於「只要性能的差異一目了然，可以方便客人挑選，進而購買產品」的假設，製作了那張比較表。

這個假設在線上平台成功地發揮了作用，但在實體店面則效果不彰。

在網路購物的消費者，通常對產品和科技有高度認識，大部分人都知道怎麼看性能比較表，但是在線下的實體店面，情況就不一樣了，很多人看到「二萬mAh」、「Power Delivery 支援」等標示，也完全搞不懂是什麼意思。

於是，在實體店面時，想出了新的假設。

「既然消費者對性能比較表無感，是否可以從使用場合的角度切入？」這就是我們重新提出的假設。

「最適合超過三天兩夜的旅行。」

「除了可以為手機充電，還可以為筆電充電。」

我們透過這種方式，讓消費者更加深入瞭解。

有些客人因為我們強調性能而購買，有些客人因為我們強調**用途**而願意購買。

男人想送護手霜給女人時，即使走進百貨公司，除了品牌以外，恐怕很少有人知道各種護手霜有什麼不同。

這種時候，如果看到店內陳列著「**推薦給女性的禮物組**」，很多人應該覺得更容易挑選。

除了定量資料，更要將定性資料作爲武器

身為公司員工，也必須具備假設性思考的能力。

我要求直營門市工作人員做的第一件事很簡單，就是「努力讓營收和利潤最

大化」。

包括店長在內的店員，都會針對這個課題進行因式分解，運用假設性思考，努力達到目標。

假設有一百個人走進店內，但只有十個人購買了商品。可以針對現況加以分析，瞭解到底是接待客人方面有問題，還是商品陳列不佳，然後針對問題加以改善。

現在請你思考一個問題。

「如果要在店內貼產品相關的海報，使用英文比較好，還是用日文比較好？」

如果寫英文，除了外國人也能夠一目了然，而且看起來比較有時尚感。

當海報有時尚感，整家店也看起來比較有質感，客人心情愉快，或許有助於增加營業額。

但是，在實際操作時，這種假設成功的案例非常少。

用英文寫產品介紹時，消費者提問的情況會增加，導致增加店員的工作負擔，效率變差。有些店家為了減少店員的負擔，貼上用熱感應式膠帶標籤機印出來的日文標籤，結果比使用日文海報更醜。如果目的在於向消費者介紹產品，**「通俗易懂」是首要，然後再追求「美觀」**。

由此可見，假設終究只是假設，並非永遠都正確。

從這個例子可以發現，一旦發現假設嚴重偏離實際，就必須立刻修正，重新建立新的假設，成為改善的契機。

安克旗下的直營門市從「通俗易懂」的角度出發，在店內設置了小型投影機，增加以圖像和影片的方式介紹產品。通常認為圖像的資訊傳達能力是文字的七倍，影片是文字的五千倍，所以我們決定實際執行這個假設。

結果發現，的確有效提升了購買率。

持續驗證這些假設的過程中，店面的營業額也持續穩定成長。

從各家店在每天打烊後交流的當日業務報表，都可以及時掌握這些資訊。

當日業務報表中除了來客數、銷售數和營業額等**定量資訊**，還記錄了定性的資訊。

比方說，在業務報表中還會記錄以下的資訊。

「向帶著家人來店裡的客人介紹，『行動電源除了戶外活動時可以使用，更能夠以備不時之需，發生災害時就更安心了』，客人就購買了。」

「很多客人問USB傳輸線接頭的差異，於是就在海報上補充了接頭的圖，個人購買的客人增加不少。」

在共享驗證假設的結果後，其他店也能夠迅速採納成功的經驗。雖然這些方法並不一定能夠在每一家店都成功，但可以成為改善的對策之一。

這些新的資訊，也可以成為第二天之後建立新假設時的新武器。

隨時進行假設性思考訓練

只要多練習，任何人都能夠進行假設性思考。

正因為平時勤於練習，所以下將棋時，腦海中才會浮現三種感覺不錯的棋路。

我推薦先想出暫時答案。

不斷建立各種假設，一旦發現錯誤，就立刻建立新的假設，一次又一次重複這樣的過程。

日本的學校教育經常是「遇到問題後再解答」，很難建立假設性思考的習慣，學生不需要懷疑考試題目有問題，因為前提向來都很正確。

但是在工作時，必須訓練自己提出問題。

其次，當生活周遭發生問題時，就要思考原因，瞭解「為什麼會這樣？」

聽說「目前重訓很熱門」時，不妨思考「重訓為什麼會這麼熱門？」

如果在「大家更追求健康」的假設基礎上思考，就可以進一步思考「為什麼大家更追求健康？」在反覆問為什麼的過程中，深入瞭解問題。

我曾經思考過「為什麼漫畫《鬼滅之刃》會那麼受歡迎？」這個問題。

為了讓變成鬼的妹妹恢復人類而戰的一貫主軸、非常明快的角色和人際關係，以及連小孩子都瞭解的喜怒哀樂等這些一目了然的簡單性，應該是大受歡迎的原因之一。當然，並不是只要創作簡單的故事全都可以大賣，空前爆紅一定有多種理由。

《鬼滅之刃》具備了漫畫雜誌《週刊少年Jump》[31]成功模式「友情、努力和勝利」的要素，而且除了在電視台播出以外，還同時在NETFLIX等串流影音平台播出，而且動畫的品質也很出色，還有「○○呼吸」這種小孩子很容易模仿的絕招，以及很早就和多家企業合作，推出聯名商品，所有這些要素，都很有活力地發揮了相輔相成的效果。

也可以對日常生活中理所當然的事發問「為什麼？」

比方說，「為什麼要有會客室？」

會客室的沙發太軟，會導致坐姿不佳；茶几太矮，使用電腦很不方便，完全沒有任何地方勝過會議室。

如果在會客室見面只是打招呼，很浪費時間，而且照理說，業務效率比氣氛更重要。

以前或許需要會客室這樣的空間，但在現代社會中，是否根本不需要？不妨思考一下這個問題。

以上舉例的假設並不一定正確，而且我相信大家會有各種不同的意見。

但是，可以針對日常生活中發生的事，或是平時的感受，提出自己的假設，這也是一種訓練。

第一章所闡述的「整體優化的習慣」，對加強假設性思考也大有幫助。負責業務的人可以思考「從生產的角度如何思考這個問題？」，普通的工作人員也可以思考「部長和課長會怎麼想？」，就可以提出和之前不同的假設。

建立假設的七大武器

建立假設時，使用各種思考架構很有幫助。

但是，不需要記住所有的架構。

以下是許多企業都會使用，而且實用性很高的七種思考架構。

31. 編註：日本集英社發行，於一九六八年創刊，最初為雙週刊，於一九六九年轉為週刊後改成每週一發售。

1. STP

從Segmentation（市場區隔）、Targeting（市場目標）、Positioning（市場定位）的角度思考行銷策略。把客戶分為A、B、C，思考將哪一個客層作為主要目標受眾，決定在眾多競爭產品中，如何確立自家商品的定位。

2. 3C

從Customer（市場、客戶）、Competitor（競爭對手）和Company（自家公司）的角度，分析自家公司所處的環境。

3. 4P

從Product（產品）、Price（價格）、Place（銷售地點）和Promotion（促銷）的觀點分析行銷的方法。

4. PPM

PPM是「**P**roduct **P**ortfolio **M**anagement（產品組合管理）」的簡稱，從市場成長率和「市場占有率」這兩大軸進行分析的手法。將公司的事業（產品）按照Star（明星）、Cash Cow（搖錢樹）、Problem（問題兒童）和Dog（敗犬）分類，在掌握未來發展情況的同時，瞭解和競爭企業之間營收的落差。

5. 5W1H

針對**W**hen（什麼時候）、**W**here（在哪裡）、**W**ho（誰）、**W**hat（什麼）、**W**hy（為什麼）和**H**ow（如何）等，簡單而恰如其分地整理論點，尋找解決問題的新突破口。

6. SWOT

分析公司的現狀，掌握公司內外的環境，決定策略的手法。針對**S**trengths（優勢）、**W**eaknesses（劣勢）、**O**pportunities（機會）和**T**hreats（威脅）等方面，綜合思考策略。

7. 5Forces

五力分析是分析整個產業時使用的手法，針對產業內的①競爭者②客戶③供應商④新進者⑤替代產品的威脅進行分析。

只要能夠深入理解這些思考架構，正確建立假設，就更容易找到解決課題的線索。**與其一味追求擁有更多使用武器（思考架構）的種類，增加運用這些武器的次數，更具有實踐意義。**

假設遇到了以下的問題。

【問題】

最近，競爭企業推出了新商品，導致自家公司的市占率下滑。該新商品和自家公司的主力商品規格相似，但價格更低。遇到這種狀況時，該如何思考？請靈活運用４Ｐ的思考架構。

遇到這種情況時，千萬不能倉促作出為了和競爭企業對抗，「必須降價」這種武斷的結論。

如果只討論價格和規格，研究的項目未免有太多疏漏，必須從更加多元化的觀點進行分析（見下頁圖表3）。

如圖所示，除了降價的Price（價格）策略以外，還可以從Product（商品）、Place（通路）和Promotion（促銷）的觀點分析市場，決定課題。在分析之後，得到了以下的結果。

- **Product（商品）**……消費者購買時，重視產品的小而美，雖然和競爭產品相同，但自家產品並沒有強調這一點。
- **Place（通路）**……觀察零售店的出貨狀況，雖然銷售的店家數量沒有差異，但商品陳列在較不明顯的位置。
- **Promotion（促銷）**……原本放在店內的促銷品被撤走了。

圖表 3　思考一下～找出問題原因・決定課題

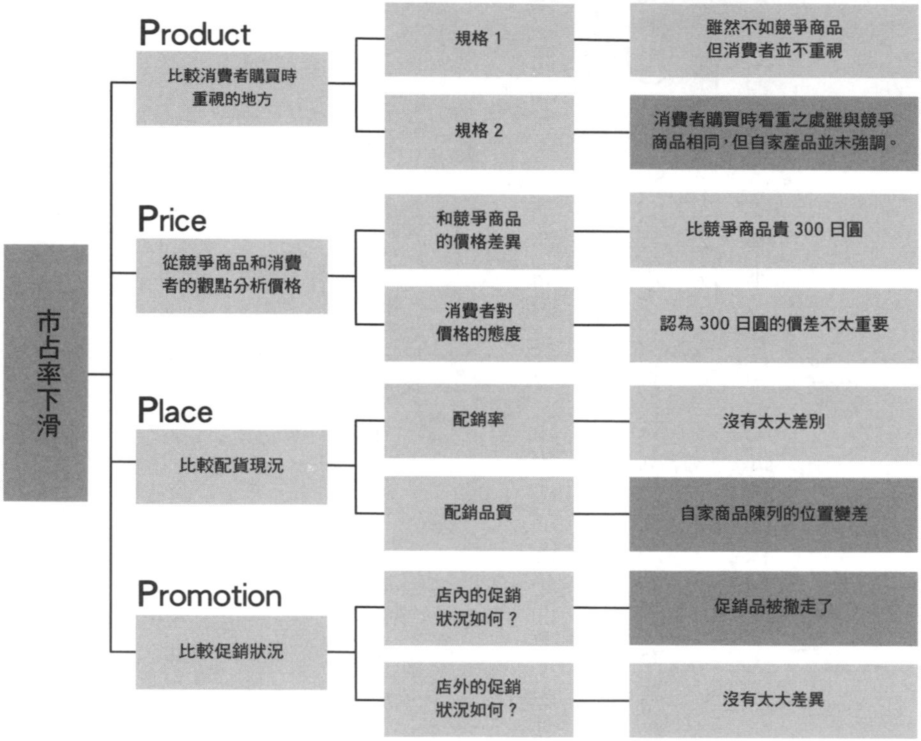

如果不針對這些問題進行分析，只是用降價的方式對抗，非但無法恢復市占率，反而會造成利潤的損失。

藉由分析決定課題，就能夠重新檢視產品的訴求，重新和店家交涉商品陳列的位置，重新放置促銷品等採取適當的行動，就有可能在維持利潤率的同時，恢復市占率。

可以用這種方式，在日常工作中使用具有代表性的思考架構，磨練自己的武器。

和掌握運動技能一樣，雖然需要瞭解基本的規則和動作等相關知識，但是在掌握這些基礎知識之後，就要靠自己練習、使用，讓身體學會使用方法。

由自己人指導公司內部進修的理由

本公司舉辦假設性思考和邏輯思維的進修時，都是由公司內部的人進行指導。

「習慣比學習更重要」，最好的方法，就是在實際業務中學習，但是為了讓員工先學習基礎知識，所以會在公司內舉辦進修。

進修的講師都是公司內部的成員。

雖然以前也曾經委託外面的進修公司，但後來發現由自己人擔任指導工作時，參加進修的學員滿意度更高。

因為有實務經驗的經理可以用公司內實際發生的情況作為例子，所以學員更能夠充分理解。

由事業部門的經理分享專案管理問題，會計部門的經理分享財務方面的問題。

進修的內容都會錄影後上傳到雲端，想要學習的人，隨時都可以觀看，即使在進修結束之後才進公司的人，也可以看之前的進修內容。

在進修最後，會針對理解程度進行測驗，參加進修的學員必須通過測驗，這些測驗的題目，也由進修的講師用線上表單出題。

講師可以透過出題，整理自己想要傳達給學員的內容，學員也會更加認真學習，人事部門則更方便針對員工的進修狀況進行管理。

03 回溯思考

什麼是回溯思考？

「回溯思考」就是將視點放在未來，描繪出理想的未來藍圖，然後朝向這個理想的未來採取行動。

為了實現理想中的未來，可以從現在開始採取行動。

然後思考為了幾年後期望的未來，在什麼時候之前，該做些什麼。

我經常使用「回溯思考」，計畫「在不久的將來，要變成這樣」，然後隨時思考讓計畫成真的假設。

相反地，根據現在和過去的資料預測未來則稱為「反回溯」。

無論在私生活還是工作上，後者的思考方式更普遍。

比方說，今年的營收有多少，明年可能會成長百分之幾，所以明年應該會達到多少的營收。

這種思考方法當然也很重要，但是會在不知不覺中，導致成長速度受到限制。以下將結合具體實例加以解說。

和教授談判時，靈活運用了回溯思考的魔力

首先決定目標，然後從目標反向推算，就可以瞭解還缺少什麼。

從理想狀態減除現狀，就可以知道現在該做什麼。

我們經常會顛倒目的和手段。

先決定想要做什麼，然後再思考需要什麼。

以登山為例，不要最先思考需要哪些工具。

因為去郊山健行，和攀登珠穆朗瑪峰[32]需要的裝備完全不同。

資歷也是一樣，**先設定目標很重要，要知道自己想成為什麼樣的人。**

如果在目標不明確的情況下開始學習，最後可能變成學英文本身成為了目的，或是目的變成了考證照。

英文和證照都只是手段，在缺乏目的的情況下考取了各種證照的人，完全顛倒了目的和手段的意義。

如前所述，我去美國留學時是我第一次出國，去美國之前，雖然英文的讀寫能力差強人意，但聽力和口說能力很差，說實話，剛開始聽課都很辛苦。

美國大學評定成績的方式和日本不同，除了考試分數以外，出席率和參加討論都可以加分。

有些課程的期中考和期末考的分數，占總成績的比例不到一半。

同學之間的討論當然全程都是英文，在留學第一年時，聽母語是英文的同學說英文，還要發表意見，對我來說實在太難了。

但是，我仍然先設定了「**這門課我一定要得 A**」的高標。

32. 編註：Mount Everest，喜馬拉雅山脈主峰，即世界第一高峰「聖母峰」，海拔八千八百四十八點八六公尺。

現在回想起來，當時完全豁出去了，但是為了實現自己訂下的目標，我和教那門課的教授進行了以下的談判。

「今年是我在美國留學的第一年，對我來說，參加討論的難度太高。我希望可以用寫報告的方式，彌補討論的分數。」

我從「要得到A」的目的反向推算，思考如何才能達到目的，然後直接找教授談判。

談判的結果，教授要我寫兩份報告，我也因此得到了高分。

但是考試的分數不能打折扣，於是我拚命苦讀。儘管我幾乎無法參加討論，但最後那門課仍然得到了A的成績。

如果我將焦點放在如何才能在討論的部分得到理想分數這個手段上，絕對不可能得到A的成績。

而且在這個案例中，即使教授不同意，我也沒有任何損失，所以是一次無風險、高報酬的談判。

雖然這件事未必有可複製性，但是**這種為了達到目的，絞盡腦汁思考的習慣，如今也充分運用在我的工作上。**

活用回溯思考，成功獲得公司錄取

在為畢業後找工作時，我也靈活運用了回溯思考。

不知道各位是否曾經聽過波士頓就業博覽會（Boston Career Forum）？那是每年十一月，在美國波士頓舉行為期三天的博覽會，也是為日英雙語人士舉辦的、全世界規模最大的求職、轉職博覽會。

世界各地超過一百家公司前來波士頓參加博覽會，為無法回日本求職的留學生提供了寶貴的機會。

參加這場博覽會的學生基本上都會說英文，所以英文能力無法成為強項。也就是說，在博覽會上，必須努力展現其他能力。

我用回溯思考的方式逆向推算了成為自己強項必要的技能，希望能夠在求職活動時對自己更有利。

方法之一，就是在企業實習時作出成績。

實習就是實際進入企業工作，我認為只要能夠在實習時作出成果，就可以證明自己對想要進入的企業而言，也是能夠發揮相同實力的人才。

二年級升三年級的暑假三個月期間（六～八月），我回到日本，在ＩＴ企業實習。

每天工作八小時，每週工作四十個小時，為公司寫了搜尋引擎優化策略和網路廣告相關的提案。

在我實習結束後，這些策略發揮了成果，成功地吸引了客人。

我在波士頓就業博覽會上分享了當時的成績，在三年級的冬天，就已經收到了公司的錄取通知，這完全是證明回溯思考威力的最佳例子。

回溯思考是領導者必須具備的看問題角度

出了社會之後，尤其在基金公司的時代，更加需要發揮回溯思考。

大學剛畢業，進入顧問公司，雖然遇到某些狀況時，也需要用這種方式思考，但是因為我當時還不成熟，所以可能缺乏這方面的意識。

轉職到基金公司之後，隨時需要從廣泛的視野思考如何提升企業價值。

年輕時，就被嚴格要求除了解決每一個課題以外，還要考慮到公司整體的營收和利潤，以及會對企業價值產生什麼影響，現在回想起來，那段經歷無疑是寶貴的經驗。

當時的我當然很稚嫩，每天都挨上司的罵，幾乎是半強迫地學習這些事。如今在公司的會議上，我也經常提到回溯思考。

尤其是年輕的同事很容易基於過去的成功經驗，思考要如何提升營收和利潤。

他們會努力運用預測思考，以現狀的營收和利潤數字為基礎，思考還可以提升多少。

雖然這也很重要，但是身為主管，必須描繪更大的藍圖。除了從「電池的營收要提升百分之十」的角度思考，更要從「這樣可以讓公司整體提前完成使命」的大局（整體優化）出發，隨時檢視自己眼前的工作。公司內是否有很多這樣的主管，成長速度會大不相同。這是讓公司成為業界龍頭絕對不可或缺的看問題角度。

放大格局，常識就會改變

有一款摺紙作品名叫「上古妖精龍」。

那是摺紙作家神谷哲史[33]用一張很大的紙，創作出精緻而富有震撼力的作品，出現在《神谷哲史作品集》的封面上。

這件作品完全超越了普通摺紙的表達方式。

「因為已經摺過仙鶴了，那下次來挑戰上古妖精龍」，這種預測思考，絕對不可能製作出這樣的作品。

只有一開始就直接想要摺「上古妖精龍」，然後用回溯思考如何才能完成，才有辦法摺出這件作品。

靠電池和充電器這種生活必需品打造品牌，完全就是安克版的上古妖精龍。

誰都沒有想到，安克創新能夠在競爭激烈的「3LOW市場」，而且是在晚起步的情況下成功打造出品牌。

只要規劃巨大的藍圖，常識就會改變。

實際證明，即使是充電器，只要開發、改善出更細膩的產品，整備線上和線下賣場的環境，就能夠在業界獲勝。

雖然是腳踏實地，一步一腳印地打造出安克的品牌，但是並不是靠預測思考，然後默默努力，而是規劃出巨大的藍圖，然後把每一片拼圖拼在這張藍圖上。

如此一來，回溯思考的終點就會符合公司的使命。

因為企業的存在目的，就是為了完成使命。

我的使命是讓安克創新集團的企業價值最大化，進而將中長期的營收和利潤最大化，實現「Empowering Smarter Lives＝用科技的力量推動全人類的智慧生活」。

「要讓投影機的市占率成為第一」、「要靠充電器打造品牌」，要規劃在某種程度上大型的藍圖，而且電池也完全沒有不能在市場稱霸的理由。

當成為龍頭時，世界就會變得不一樣。第一名不需要找理由，而且當建立這樣的目標之後，公司員工也更有活力和幹勁。

33. 編註：一九八一～，日本愛知縣名古屋市出身，當代摺紙界中頗為出色的設計創作者之一，曾在日本的電視冠軍摺紙王大賽中獲得五連冠。

如何才能提升觀點？

回溯思考就像是靈魂出竅，從高處觀察自己的身影和工作。

這也是建立大局觀。

因為從高處俯瞰，用預測思考時，只能看到通往目的的唯一那條路，但回溯思考還可以看到其他的路。

很受歡迎的電玩《超級瑪利歐兄弟》中，天空中會出現捷徑，達成使命的路上，也經常會有這種捷徑或是其他的方法。

能夠提前抵達目的地最重要。

視野必須有一定的高度，才能進行回溯思考。

經驗可以提升視野，**隨時意識到目的，也能夠提高視野**。

在意識到整體優化的同時，思考如何讓企業持續成長。

負責業務的人可能每天持續為「確保公司的產品出現在家電量販店的貨架上」而努力，但是，這只是讓企業成長的手段之一。

在思考目的時，有時候會看到以前從來不曾發現的對策。

可以思考除了家電量販店，是否能夠讓公司的產品在居家裝修中心上架。針對營收和利潤最大化的目的，從俯瞰的角度尋求解決方法，就能夠邁向顛峰。

04 速度就是一切

和最出色的成員在期限內完成最出色的工作

NETFLIX 的前首席人才長珮蒂．麥寇德在她的著作《給力：矽谷有史以來最重要文件 NETFLIX 維持創新動能的人才策略》[34]中提到，「公司主管的作用，在於建立一個優秀的團隊，讓團隊能夠在期限內完成出色的工作，這是經營團隊唯一該做的事」。

經營團隊必須充分整頓環境，讓最出色的團隊在期限內完成最出色的工作。

無論任何工作，基本上都有期限，持續成長的企業都有一個共同點，那就是速度感。

藉由 D2C 獲得成功的新創企業和老牌製造商有什麼不同？無論產品、銷售地點、促銷，甚至在價格上，似乎都對老牌製造商更加有利。但是，D2C新創企業具有老牌製造商難以想像的速度感，所以才能夠在商戰中獲得優勢。

安克日本很重視決策的速度。

無論職位高低，上司核准任何事，都幾乎不會超過一個工作日。

董事長和總部長在核准數百萬日圓的案子時，也都是在 Slack[35] 這個團隊溝通平台上完成。再稍微詳細說明一下，我們會在 Slack 上設一個線上表單，然後上傳到管理單進行記錄檔的管理。

如果是基於公司內部的規定，或是內部統一管理需要留下核准紀錄，採用這種方式在管理上就不會有問題，因此我們公司根本就沒有簽呈這種東西。

製作紙本的簽呈，然後由負責的窗口蓋上自己的印章，然後再由層層主管蓋印章。

34. 編註：POWERFUL: Building a Culture of Freedom and Responsibility，Patty McCord，二〇一八／大塊文化，二〇一八。

35. 編註：由 Slack Technologies 開發的一款基於雲端運算的即時通訊軟體，使用者可以在私人聊天室或名為「工作區」的社群內通過文字訊息、檔案和媒體、語音和影片通話進行交流。

簽呈的目的在於留下核准的紀錄，只因為過去這麼做，今後也要持續做下去，真的是最佳方法嗎？

現代社會中，技術以驚人的速度發現，公司內部的手續，更需要加快速度。

速度感＝決策的數量

各位讀者中，如果有人打算為畢業後找工作，或是正在考慮轉職，在挑選企業時，一定要重視速度問題。

進入快速決策的公司，自己的成長速度也會加快。

速度感等於決策的數量，在商場上，必須持續作出決策。

最終決策者迅速作出決定，成員的工作速度就可以加快，能夠挑戰更多事。

決策本身並不是工作，決策之後，工作的主戰場才真正開始。

因此，決策者的價值，就在於能夠迅速而正確地作出決策。

不懂得思考，只是淪為橡皮圖章的主管根本稱不上在工作。

具備經驗和知識，努力迅速作出正確的決策，才能成為稱職的主管。

要重視「成果公式」中「質×量÷時間」的「**÷時間**」這個部分。

【成果公式】
成果＝「質×量÷時間」×「使命×價值」

經營者的決策數量有助於團隊成員作出成果，也有助於成員的成長。
如果決策拖拖拉拉，挑戰次數也會減少，影響成功的可能性。
經營團隊的決策和專案執行速度快的企業，就可以累積更多經驗。
不站上打擊區，就不可能擊出安打或是全壘打。
反而會被三振，甚至無法改善目前的狀況，為下一次安打做準備。
優秀的人才都希望迅速成長，所以都會聚集在有速度感的企業。
這些優秀的人才會加快企業的成長速度，帶來正面循環。

對追求成長的人來說，決策緩慢的公司並不理想。

於是，優秀的人才會紛紛求去，只留下不願意挑戰的人。當公司有越來越多無法馬上行動的人，業績就會停滯，試錯的次數減少，成功的可能性更加減少。這無疑是惡性循環。

把一年的履歷表變成三年的履歷表

我們公司的同事都是很有速度感、追求成長的人。

很多同事都說，「在安克工作一年，相當於在其他公司三年。」

在安克工作，會參與很多專案，工作強度的確是其他公司的三倍左右。即使工作時間相同，在這段時間內做更多事，成長當然更加迅速。

當這樣的員工聚集在一起，就是企業的業績，也是財產。

正因為這個原因，**所以我在錄用員工時，很重視是否有追求成長的意願**。

如前所述，對我來說，「成長」也是關鍵字，無論身為經營者還是個人，我都希望可以持續成長。

提升工作速度的方法

我這個人向來很有速度感，積極挑戰很多事。

無論在顧問公司，還是基金公司時代，我都賣力工作，創立安克日本的事業部門時，整天有忙不完的事，因此，我隨時都在思考，如何才能夠更有效率地工作。

提升效率的方法之一，就是**積極使用各種工具**。

如果沒有 Excel，就無法輕鬆分析資料；如果沒有 Slack，溝通交流和決策速度就不會像現在這麼快。

如果沒有 Zoom 和 Google Meet，所有會議都必須面對面召開，增加不必要的工時。必須隨時掌握各種有助於提升工作效率的武器，用理想的方法取代陳舊的方式，也就是進行**工具的反學習**。

除此以外，還要**提升自己的基礎力**。

即使工作速度很快，如果品質很差就沒有意義；如果有很多疏失，就必須耗費很多時間修正，進而影響效率。因此在追求速度的同時，也要努力減少作業的疏失。

比方說，你是上司，如果下屬交出五件完成度百分之七十的工作，和三件完成度百分之百的工作，你認為哪一種情況比較好？

大部分人都會回答後者。

如果只看輸出量，完成五件工作的前者似乎更能夠受到肯定，但是站在上司的立場，對於完成度不高的那五件工作，都必須花時間詳細審查。

而且，之後請下屬做其他工作時，也會不停地懷疑「是不是哪裡又有遺漏？」

後者可以減少上司審查的負擔，也就是有助於提升公司整體的生產力。

除了提升工作量，還要提升正確性，培養力求出色完成工作的責任心。

有自信才能夠快速作出決斷。

經營者有負起責任的決心，才能夠作出決策。

如果沒有自信，就遲遲無法決定，只能一次又一次開會討論。

徹底增加平時的輸入量，才能充滿自信地作出決策。

持續迅速地作出決策，就會逐漸瞭解到「只要掌握這部分重點就好」的關鍵點，於是就可以進一步提升決策的速度。

就好像學生時代開卷考試時，都會先用便利貼做記號，才知道哪一頁可以找到哪些內容。即使考試可以帶課本，但考試時間有限，事先整理出重點顯然對考試更有利。

這也可以應用在努力成為倒 T 型人和倒 π 型人時，思考要掌握縱軸的技能到什麼程度。

並不需要把所有的知識都牢記在心，只要瞭解「看那本書的那部分，就可以瞭解這個問題」就好，我個人稱之為「**為知識編索引**」。只要稍微做一下準備工作，就能夠顯著提升決策的速度。

團隊發展的「塔克曼模型」

只要思考「什麼事情最重要」，就能夠瞭解重點在哪裡。

當下屬交出一份大型促銷活動的企畫案時，我只確認其中一小部分，主要確認暢銷產品的庫存準備狀況和利潤率是否合理。

負責案子的人或是經理也許會漏看某些問題。

但是，如果我逐一確認所有產品的型號這種小細節，就無法稱之為整體優化。萬一出現差錯，對事業營運的影響微乎其微，雙重確認的時間幾乎無法發揮價值。

必須視影響程度的大小，以及所需要耗費的時間、工時之間的平衡，決定要確認到什麼程度。

只要掌握重點，迅速作出裁示，及時放手交給下屬，往往會相對順利。反過來說，有能夠放心交付工作的下屬很重要。

在此介紹一下組建團隊時的「塔克曼模型」。

塔克曼模型是心理學家塔克曼[36]提出的組織架構，從團隊的形成到轉換的團隊發展模式，經由五個階段，成長為理想的組織。

這五個階段分別是①**形成期**（Forming）、②**風暴期**（Storming）、③**規範期**（Norming）、④**表現期**（Performing）、⑤**轉換期**（Adjourning）（圖表４）。

圖表 4　「塔克曼模型」的五個階段

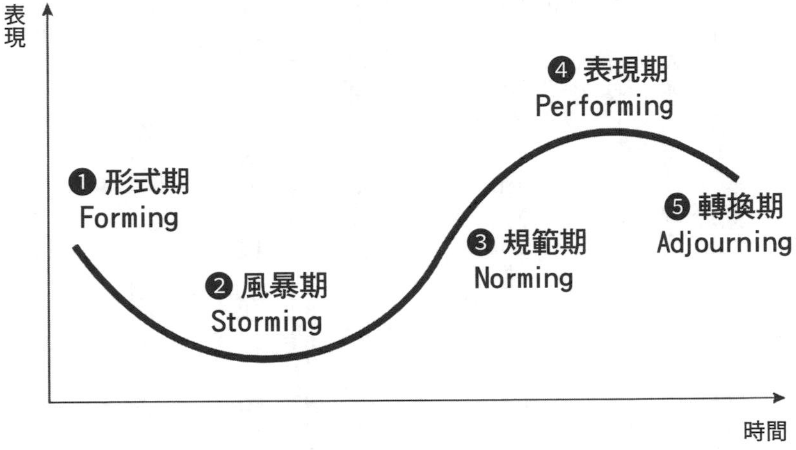

36. 編註：Bruce Tuckman，一九三八～二〇一六，美國心理學研究者，主要研究團體動力理論。

重點在於④的**表現期**，也就是進入**第四階段**時，團隊成員相互支持，團隊表現進入最佳狀態。

但是，在組建團隊時，如果追求「一開始就必須進入表現期」，反而容易失敗。

最初的形成期是**彼此逐漸瞭解的階段**，在第二階段的風暴期，**瞭解團隊中存在著必要的對立**，在第三階段的規範期，**共同擁有努力的目的和目標**，才能夠在第四階段的表現期，成為**發揮功能的團隊**，在順利完成目的之後進入轉換期，分別**向新的道路邁進**。

從以上的發展架構可以發現，團隊的建立需要時間，同時也是會產生壓力的作業。

但是，個人的生產力有限，而且如果避開建立團隊，企業就會停止成長。

錄用優秀人才，**培育人才**，**迅速做出決策**，**然後將工作交付給團隊**。

於是，主管就可以有時間處理新的工作，更加有助於迅速邁向顛峰。

性善說和速度感的相關性

雖然要努力提高正確性，但是不需要在所有方面都追求完美。企業的營收相差一日圓不是沒有問題，但並不是重要問題。監查法人進行會計審計時，並不會以一日圓為單位進行稽核。會計審計有「重要性原則」，主要稽核重要的程序和金額。大企業往往有龐大的資料，審計意見有截止日期，所以不可能鉅細靡遺地稽核所有的資料。但是，如果不確實確認重要的程序和金額，一旦企業有大規模的做假帳行為，在審計時沒有發現，就會引發問題。無法用零和遊戲的方式決定正確性和速度的優先順序。

在精算經費時，上司通常不需要逐一確認「這筆交通費開支合理嗎？」只要確認大額的金額，幾乎都不會有太大的問題。

從對事業整體性影響的角度思考，通常不需要下屬為買了一支筆說明是否合理。

金額的正確性固然重要，但這種事可以由會計在最後把關。

只要團隊成員值得信任，最低限度的規定就可以解決問題。

性善說和速度感有相關性。

不要懷疑團隊成員會有偷雞摸狗的行為，當團隊中都是實際參與工作的人，即使不需要太多規定，組織也能夠正常運作。

相反地，很多企業因為被規定和需要蓋章核准束縛，導致無法成長。

安克創新採取彈性上班制，也可以遠距工作，完全沒有任何逐一確認員工是否在認真上班的機制。

即使如此，生產力並沒有下降，也沒有人整天都在深夜工作。

只要確認團隊成員是否按照公司的使命和價值，作出企業要求的結果就好。

05 非合理的合理

什麼是「非合理的合理」？

本章談論了因式分解的重要性和假設性思考的問題。

或許有人會認為我是那種會主張「百分之百左腦思考，只做合理的事」的人，但事實並非如此。

最近我深刻體會到，認識各式各樣的經營者，對拓展業務很有幫助，合理性思考無法創造這種機緣。

曾經在聚餐時，發現鄰座的人的企業和我們公司的事業有合作的空間，之後真的促成了合作。

經營者的聚會在事前不可能知道可能會有的成果，乍看之下，參加這種聚會並不合理，但是最終會有合理的結果，世界上經常發生這種事。

以前在基金公司任職時，經常和基金所投資的那些企業的人一起聚餐。

雖說是為了工作，但二十六歲的年輕人經常必須對人生的前輩提出各種不同的意見。

說起來，基金公司的角色就是股東，身為股東的代表，只要我用堅定的態度持續表達意見，對方在表面上會接受我的提案，採取相應的行動。

但是，他們並不信賴我這個人，**如果缺乏共同努力的想法，人往往無法立刻採取行動，最重要的是會對輸出的品質造成負面影響**。

當時的經驗讓我瞭解到，一起吃吃喝喝，建立彼此之間的信賴關係更重要。雖然聚餐交流無法解決所有的問題，但是除了工作以外，這種促進相互瞭解的機會很重要。

反過來說，在建立信賴關係的基礎上邁向共同的目標，即使不需要提出詳細的意見，也可以有高品質的輸出。

在各種方法中，有時候可以思考「**非合理的合理**」。

所謂「非合理的合理」，就是乍看之下並不合理的事，其實非常合理。

為了達到目的，如果用合理的方式思考，從 A 地點到 B 地點，兩點之間，走最直的路最合理，即使走入岔路，也必須儘快抵達目的地。

其實不一定要走馬路，可以搭直升機，也可以走隱藏在地底下的路。

越是認真老實的人，越是容易用小框架進行合理思考。

也許有人認為進入公司工作後，完全不參加公司的活動或是聚餐，把這些時間用於學習更加合理。

但是，和職場的同事搞好關係，一旦發生問題時就能夠妥善解決。從這個角度思考，就會覺得增進同事之間的感情，或許也是合理的行為。

領導者的本質是什麼？

無論在私生活還是工作上，提升自己的信賴度都很重要。

在工作上使用左腦，用合理性的方式工作，應該可以升到經理。

但是，身為主管，必須具備超越合理的特質。

職位越高，身為一個人的信賴感就更加重要。

即使能力很強，如果不配成為主管，也不會有人願意追隨，因此除了能力強以外，還必須具備身為一個人的魅力。

相反地，雖然個性很好，但如果不瞭解掌管部門的業務，也無法成為理想的主管。

主管的本質，在於必須洞悉和提升下屬的能力。

有些父母能夠激發孩子的好奇心，為孩子創造成為諾貝爾獎等級的科學家契機。其實不僅在家庭中，公司也一樣。

公司也是培育員工的地方，所以主管用和教育孩子的態度對待下屬也很重要。

組織內的成員必須相互尊重，組織才能夠發揮作用。

無法彼此尊重的關係，會導致組織無法發揮功能，即使能力再強，彼此勾心鬥角的團隊無法獲勝，所以人際關係和心理的安全性很重要。

我在留學時體會的「合理」和「非合理」

我的留學經驗帶給我合理的思考和非合理的恩惠。

先說「合理」這件事。

我當初去留學，目的是學習英文和經營知識。

在實際踏上工作崗位後，能夠直接運用留學時所學到的知識，從這個角度來說，去美國讀大學的選擇很合理。

其次討論「非合理」這件事。

我在大學主要學習英文和經營，但最大的收穫是**拓展了視野**。

每天和來自世界各地的人接觸，瞭解到不同國家的人在想法上的差異，同時也學習到多元化的重要性。

雖然當初留學的主要目的是學英文和經營，但是從世界看日本的經驗，成為我的重要糧食。

最重要的是，在國外生活之後發現，日本「果然是一個好國家」。

當初並不是覺得也想瞭解這件事，作出合理的判斷之後，選擇出國留學，所以這是非合理的恩惠。

妥善運用右腦和左腦的方法

既然談到了合理和非合理的關係，我還想提一下要區分使用左腦和右腦。

人類的大腦分為左腦和右腦，分別發揮了不同的作用。

左腦有語言中樞，可以將複雜的事建立秩序，進行解釋。

右腦負責空間概念的認識和操作，透過掌握整體，負責情緒面的問題。

經營者和經理應該學習廣告設計等創意。

由決策者來決定「感覺很帥氣」、「這一款更討喜」很有問題。

左腦會深入瞭解品牌，然後藉由右腦進行昇華。

藝術屬於右腦掌管，以感情為基礎畫出的畫通常能夠受到肯定；但是在商場上，產品光靠設計優美無法暢銷，關鍵在於如何表現出產品的優點。

最重要的是必須讓消費者願意購買。

因此，左腦必須充分思考，如何才能夠充分展現產品的魅力。在最後階段，稍微調整產品的色彩或許屬於感覺世界的問題，但是在最終階段之前，只要建立假設，就可以決定大部分的事。

正因為如此，決策者需要學習設計的構成。

「只有三顆雞蛋的重量」這句文案誕生的秘密

我曾經用「只有三顆雞蛋的重量」這句話來形容電池的重量。當時並不是一下子就想到「**三顆雞蛋的重量**」這個文案。

在產品推出當時，一萬 mAh 的電池只有一百八十公克的重量算很輕巧，但是幾乎沒有人瞭解這個優點。

於是就開始思考「什麼東西可以用來比喻輕巧？」，最後想到了雞蛋。

查了一下之後，一顆雞蛋的重量是六十公克，所以就可以用三顆雞蛋的重量來比喻。

創意基本上都是用左腦充分思考到極限，最後再用右腦處理。

在思考出架構之前，基本上都可以用左腦思考。

前面所述的「**非合理的合理**」也可以說是「**無用之用**」。「無用之用」來自《莊子》的「人皆知有用之用，而莫知無用之用也」，乍看之下沒有用處的東西，有時候反而能夠發揮重要的作用。

由此可以瞭解到，「**生活在當今社會中，並非直接需要的，或是對作出成果沒有幫助的東西，也存在著重要的價值，不要輕易丟棄。**」

CHAPTER

5

對 1%精益求精的習慣

01

99%和100%不一樣

雖然晚起步，但仍然躍居首位的原動力

很多人認為99%和100%「只相差1%而已」。

但是，真的是這樣嗎？

在我眼中，兩者之間差距甚大。

我認為「遠遠超過1%」。

這裡所說的100%有兩種意思。

第一種意思，就是**在周圍人眼中的完美狀態**。

另一種意思，就是**以自己心目中的百分之百為目標**。

首先想討論第一種意思。

我在前面也曾經提到，我們公司的產品幾乎都是比競爭對手晚起步。而且我們生產的並不是可以飛天的腳踏車這種特別的新產品。充電器、電池、傳輸線、耳機，所有產品都並非創造出新的產品類型。安克創新這艘船啟程駛向了一片紅海。

我們在晚起步的狀況下，投入了已經有眾多競爭對手，競爭激烈的市場。在紅海市場，因為競爭對手眾多，新加入的企業很難擴大產品市占率，也容易引起削價競爭，所以缺乏資本力的企業很難在這樣的市場生存。

即使如此，我們仍然成功地成為業界龍頭。

為什麼能夠成為冠軍？

前面四章，分別談到了「整體優化」、「創造價值」、「學習」和「因式分解」的四個習慣。

本章將介紹第五個習慣，「對1%精益求精的習慣」。

這是能夠成為市占率榜首，在最後關頭發揮效果的習慣。

很多人看到安克日本的迅速成長，可能認為我們做了什麼「特別的事」，但以我個人的感覺，我們從來沒有做過任何高難度的事。

我們只是做一些理所當然的事，持續累積，就得到了那樣的成果。

所以，我認為我們的成功方式具有可複製性。

「三木谷曲線」的教誨

我曾經在公司內部的全體會議上說明「**三木谷曲線**」。

什麼是「三木谷曲線」？（圖表5）

樂天的創辦人與執行長三木谷浩史在他的著作《92條成功法則》[37]中提到，「**有沒有付出最後0.5%的努力，決定了品質**」。

大家都會努力到99.5%，但是否能夠完成最後的0.5%，會讓成果出現很大的差異。只要能夠提升最後的百分之零點幾，就可以和對手拉開距離。

堅持努力到最後，就能夠獲得突破性的結果。

37.編註：三木谷浩史『成功の法則92ヶ条』，幻冬舍，二〇〇九。

圖表5　三木谷曲線

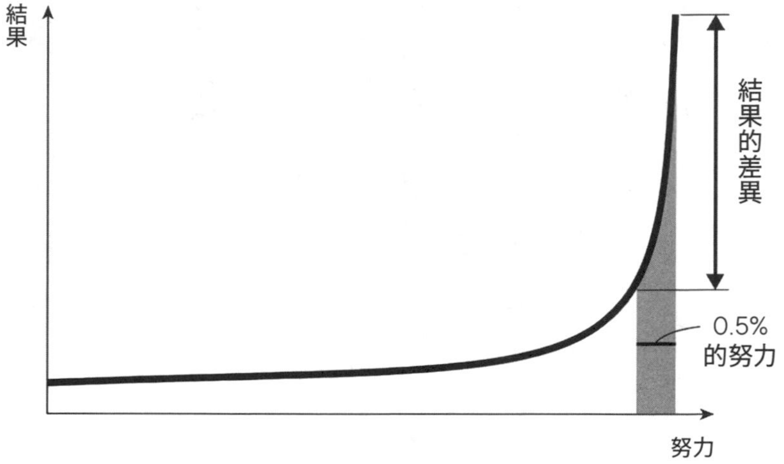

如此就可以避免陷入價格競爭，創造出能夠讓消費者願意購買的「差異」。努力到極限後獲得勝利，終於讓消費者從「我想買充電器」變成「我想買安克的充電器」。

持續累積對1%的精益求精

我認為消費者會挑選本公司的產品，都是基於「稍微」的理由。我們公司的產品充電速度稍微快一點，設計稍微漂亮一點。除此以外，還有包裝很有時尚感、客服的印象、使用網站很方便、前往實體店面的交通很方便等，也都對消費者的購買慾望有正面的影響。

由此可見，**在細節上精益求精的企業能夠在商業競爭中獲勝**。由於大型電商平台的存在、電子商務網站的SAAS[38]企業也持續增加，如今是誰都可以輕易販售商品的時代。

正因為誰都可以做到，所以在每一個細節上精益求精、逐漸累積，就顯得更加重要。

我在進入安克日本之後，確實執行了1%的累積。

當公司成長，員工人數增加後，就由不同的團隊分工合作，持續累積1%。

我把原本的工作慢慢交給其他人，由他們創造出比我更出色的價值，無論質和量都持續提升。

如今，和我當年單槍匹馬一把抓的時代相比，在所有方面的輸出品質都提升了。但是，越接近100%，之後的累積難度就越高。**只不過並不是只有我們感到困難，其他公司也一樣，一旦能夠成功，有可能創造出壓倒性的差別化。**

產品永遠最重要

如果從4P的角度說明我們向消費者提供的價值，那就是以做出好產品，謹慎提高價格這兩大價值為中心。

首先是「產品」。

38. 原註：Software as a Service，軟體即服務，透過網路使用供應商所提供軟體的服務。

對製造廠來說，產品最重要，努力生產出消費者想要的產品。負責產品開發的人隨時意識到「能夠為產品增加什麼價值？」這個問題。雖然「物美價廉」似乎很容易獲得支持，但**重點在於「物美」，也就是出色的產品**。

企業需要努力，才能夠提供「價廉」的產品，但是要進一步追求「物美」，就必須投資研究開發費用和人事費用，如果一味追求「不漲價」，可能會產生負面影響。

要在未來生產出「物美」的產品，就需要持續投入開發費用，一旦削減人事費用，就無法吸引具有創新能力的優秀人才，進而陷入惡性循環。追求事業的成長，就不能積極削減研究開發費用和人事費用；相反地，持續投資的企業就能夠成長。

以我們身邊的例子來說，大部分 iPhone 每年都會漲價，但仍然持續暢銷。Apple 也持續傾全力開發更出色的產品。

提供三大價值

產品並非只有單一的價值。

不妨從**功能性價值**、**情緒性價值**和**自我表現價值**這三大類進行思考。

功能性價值……商品和服務的規格。

情緒性價值……藉此獲得的正面感情。

自我表現價值……自我表現、自我實現。

比方說，願意花大錢買香奈兒的保濕緊膚身體乳，除了「香奈兒的保濕力很強」這種功能性價值以外，還有「今天用了香奈兒的身體乳，所以心情很好」的情緒性價值，以及進一步的「使用香奈兒，可以自我表現」的自我表現價值（見下頁圖表6）。

當產品除了具有功能性價值以外，還有情緒性價值，傳達自我表現價值，就一下子變強了。

圖表 6　香奈兒的功能性、情緒性、自我表現價值

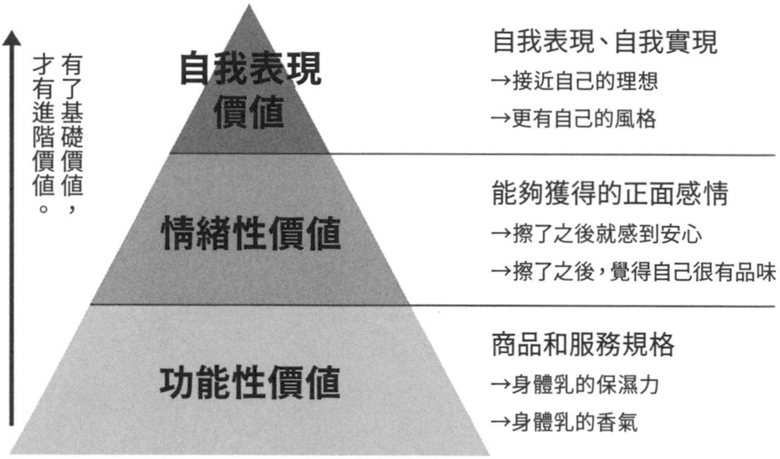

請問你在買衣服時，是基於什麼基準挑選衣服？

價格固然重要，但更重要的是穿在身上，是否能夠讓自己「心情愉快」。穿上一件衣服，能夠具有比平時更加「帥氣」、「可愛」、「有自信」等情緒性價值，「更有自己的風格」的自我表現價值，成為消費者在挑選產品時的重要選擇基準。

但是，**千萬不能忘記，在此之前，必須先具備功能性價值，這是必要條件**。

消費者認為產品有情緒性價值時，的確願意購買，但是，如果功能性價值低，無法發揮原來的功能，下一次就不會想再購買。

如果香奈兒的保濕緊膚身體乳香氣普普通通，使用後皮膚黏答答，即使有香奈兒的品牌加持，恐怕很少人會一買再買。

在官網上貼亞馬遜連結的理由

接著來思考一下「價格」的問題。

通常企業在做電子商務時，首先會架設官網，吸引客人，之後再開設直營門市、在亞馬遜上架，拓展銷售管道。我們除了在大型電商平台上架，還在安克日本官網、家電量販店和門市「安克直營店」銷售產品，積極擴充各種銷售管道。

我們最初是以亞馬遜網站等電子商務為中心，首先尋找「有客人的地方」。消費者一開始在亞馬遜、樂天網站購買安克的產品時，並不知道安克這個品牌，相信很多人在購買、使用之後，才瞭解安克產品的高品質。讓消費者知道是「好產品」，慕名選購固然重要，但是讓消費者在購買後，認為是「好產品」也同樣重要。之後，我們持續擴大銷售通路。

我們隨時致力於「拓展」和「深化」。從二〇一七年剛創業開始，從亞馬遜、樂天和雅虎商城逐漸「拓展」，在二〇一八年之後，架設了線上網站，開設了直營門市，努力「深化」（圖表7）。

從二〇二〇年開始，快充充電器和傳輸線也在大型連鎖便利商店上架。

我們並不是一口氣增加銷售管道，而是持續思考商品在哪些地方上架，才能讓更多消費者買到我們的產品。

圖表 7　安克日本的「拓展」和「深化」

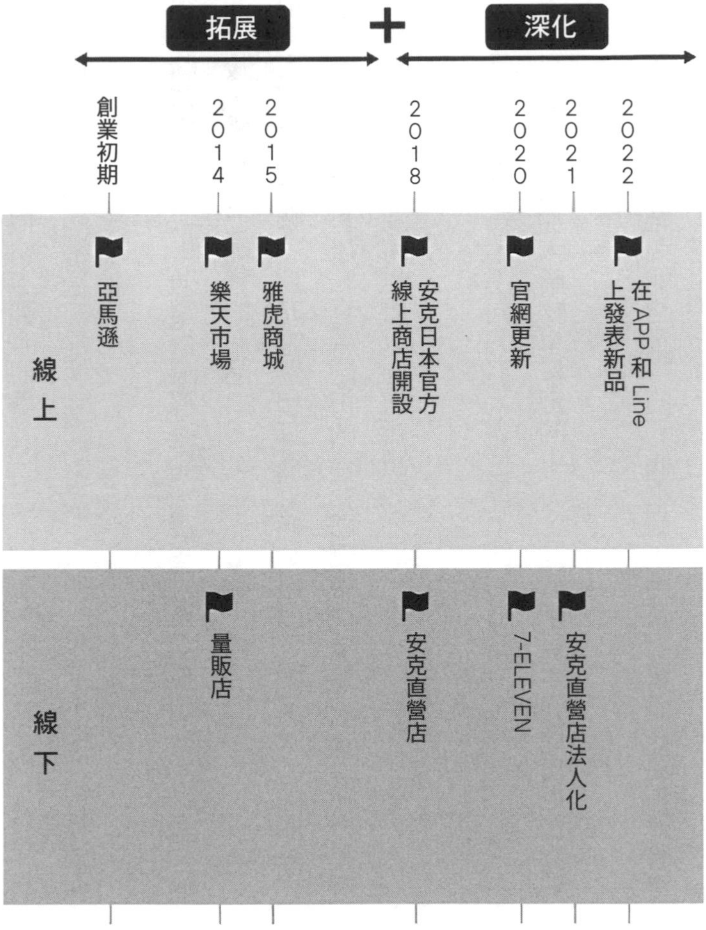

有人想要在亞馬遜選購，也有人希望可以在便利商店隨時買到。

我重視的是「**在產品和價格上都有競爭力**」。

我們不是基於自家公司的方便性建立通路策略，而是**把客人的方便性放在首位**。

能夠在線上購買電器的人，通常很瞭解產品。這些人不需要和別人討論，都是自行調查、比較，購買自己滿意的商品。

但是，很多人都不知道哪一款充電器和耳機更適合自己，應該說，大部分人都屬於這種類型，因此，零售店和直營門市的存在就變得很重要，客人在店裡可以直接把商品拿在手上，必要時也可以向店員請教。

而且，同樣是在線上購買，不同的客人會選擇不同的通路。

安克日本的官網上，在加入購物車按鍵的下方，還放了可以在亞馬遜買到同款商品的連結。

消費者在官網購買時，廠商能夠獲得的利潤更高，因為消費者在亞馬遜購買時，安克要支付平台的手續費，所以利潤會減少。

雖然我們很希望鼓勵消費者在官網購買，但有些客人可能會覺得「要登錄會員、輸入信用卡資料很麻煩」、「既然價格相同，我想在亞馬遜購買」。

為消費者提出理想的購物環境是廠商的責任和義務，在思考為消費者提供價值的同時，努力擴大銷售通路也很重要。

追求商品第一主義

至今為止，我們所做的一切都很簡單。

老老實實地生產富有魅力的產品，販售給消費者。

賣得好的商品，就會在亞馬遜的銷售排行榜上名列前茅，在商品評價中獲得好評，可以進而向社會推廣產品的價值。

反過來說，如果無法在商品評價中獲得良好的評價，就無法持續在排行榜上保持領先。如此思考後就會發現，重點還是在於製造富有魅力的產品。

這一路走來，我們持續增加公司的產品，拓展銷售管道，腳踏實地執行加法戰略，才完成了營收一百億圓的目標。

產品的宣傳也是一件困難的事。

安克日本達成一百億日圓的營收過程中，幾乎沒有舉辦大型的宣傳活動。暫時的廣告效果有可能讓商品暢銷，但是有些商品一旦不再推播廣告，就完全賣不出去，我認為製造這種商品的意義並不大。

通常很容易認為行銷＝宣傳，但是如果產品（商品）本身沒有吸引人之處，就賣不出去，而且如果不同時具備消費者能夠接受的價格，和可以買到的通路，即使再怎麼大力宣傳，也不會有太大的效果。

最近很多企業都喜歡用「成長駭客」的技巧進行宣傳，一味追求知識的更新，但這些全都是「噱頭」。

做生意就要絞盡腦汁思考如何讓產品精益求精，如何宣傳產品的優點，這才是本質。

打造品牌最重要的事

打造品牌的基本方式也一樣。

說到打造品牌，很多人可能認為是行銷部門負責的工作，但其實未必如此。相反地，本質的部分往往由行銷以外的部門負責。

「打造品牌」的定義五花八門，我個人的定義是「**努力縮短顧客的印象和企業想要傳遞的形象之間的距離**」。即使企業自稱是這樣的品牌也沒用，顧客的印象才是品牌的形象。

很少有人只因為企業發出的新聞稿和宣傳廣告，就瘋狂地愛上那個品牌。「親身經驗」對形成品牌印象的影響最大（見下頁圖表8）。

具體來說，就是第一次購買的經驗很美好、產品本身很出色、門市工作人員的態度很親切、對客服的應對很滿意等等。

即使只有一次這種直接的經驗，也能夠留下深刻印象。

圖表 8　對打造品牌的影響度

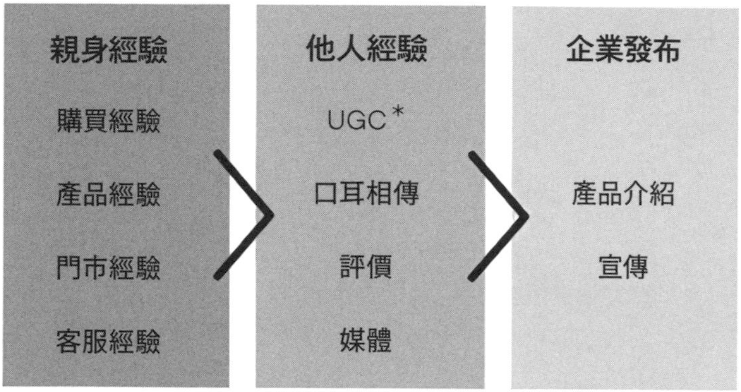

* UGC：User Generated Contents：使用者原創內容

其次是看到或聽到「**他人經驗**」的時候。

具體來說，就是UGC、朋友之間口耳相傳、網路上的評價和媒體報導等。

這些都是間接的經驗，但因為都是別人使用針對自己有興趣的產品和服務後的經驗，所以會受到這些資訊的信賴度高低很大的影響。也許有人曾經因為喜歡的網路意見領袖推薦某個品牌，自己也愛上了那個品牌。

最後是「**企業發布**」的內容。

具體來說，就是行銷部門負責的產品介紹和宣傳活動。

企業發布的內容和前兩項不同，是企業主動傳達品牌的優點。

所有企業都希望展現自己的優點，因此發布這些內容對於希望消費者對品牌留下什麼印象是很重要的活動。

但是，決定品牌形象的不是企業，而是**消費者**。

企業主動發布「我們的產品充滿魅力！」當然很重要，但是光靠這樣，無法打動消費者選購產品。

只有當消費者說：「原來這項產品這麼有魅力！」才能夠和競爭對手有壓倒性的差別，成為邁向顛峰的捷徑。

跨越鴻溝的方法

市場行銷學中，有一項「鴻溝理論」（圖表9）。

將創新理論中的創新者（innovators）和早期採用者（early adopters）視為**早期市場**，將早期大眾（early majority）、晚期大眾（late majority）和落後者（laggards）視為**主流市場**，兩者之間存在所謂「鴻溝」的深溝（將產品和服務普及到市場時，必須跨越的障礙），跨越鴻溝是開拓市場的重要理論。

產生鴻溝的原因，就在於早期市場和主流市場的消費者價值觀大不相同。

對早期市場的消費者來說，「新穎」的確是一種吸引人的魅力，但是在主流市場，光靠新穎無法開拓客層。

他們需要能夠放心使用的產品，或是還有其他人也在使用的「安心感」。

必須打造出有助於建立信用和品質資產的內容，才能跨越鴻溝。

圖表 9　創新理論中的「鴻溝」

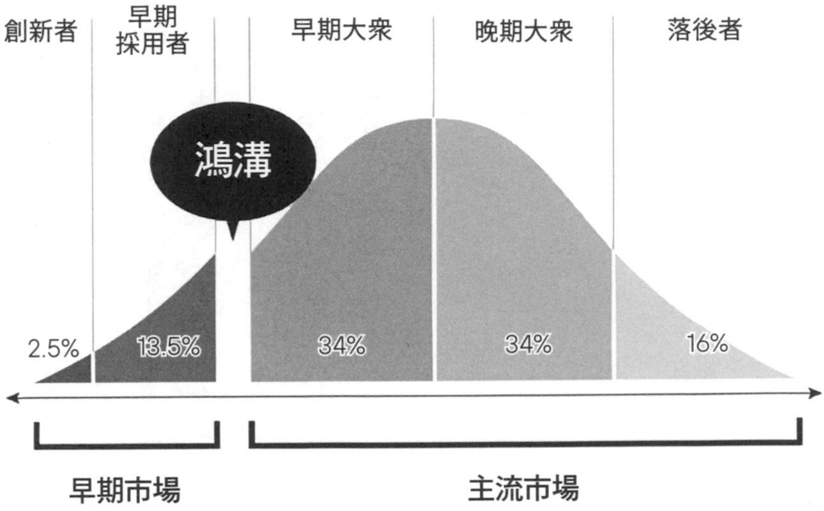

當企業推出優秀產品時，創新者和早期採用者會主動調查後購買。

但是，企業必須努力提升品牌知名度，才能夠把大眾客層，也就是未來的潛力客層變成今後會實際購買產品的顯在客層。

品牌知名度的最佳例子，就是亞馬遜購物網站和西瓜卡[39]，日本引進至今已大約有二十年的歷史。

這兩個名字都不是什麼特殊的品牌名，以前說到亞馬遜，大家都知道是熱帶雨林，西瓜則是夏天的水果，但是，能夠成功地改變社會大眾對這麼普通的兩個名字的印象，實在堪稱一大壯舉。

02 絞盡腦汁到極限

只有「絞盡腦汁到極限的人」才能看到的東西

接下來想要談一談**每個人如何以100%為目標**。

每個人都努力做到極限，輸出的品質就會有明確的不同，所有成員的成長速度也會大不相同，進而能夠促進企業的成長。

所有成員充分發揮各自的實力，才能夠持續改進99.5%的產品和服務，朝向100%的目標邁進。

每個人的能力不同，但每個人都要發揮出100%的實力。

39. 編註：Suica，日本一種可重複儲值、非接觸式的智慧卡，有儲值車票及電子錢包的功能，最初由JR東日本發行，現在由JR東日本、東京單軌電車以及東京臨海高速鐵道三家鐵道公司共同發行。

比起能力一百分的人只做八十分的工作，更應該肯定只有七十分能力的人完成了七十分的工作。

電子商務的動向很容易掌握，只要價格上升，銷售數量就會下滑，產品不佳，評價就會下降，產品也會滯銷。

一旦瞭解哪裡落後於人，就針對問題採取對策。

持續改進產品和溝通，以適當的價格提供給消費者，能夠高度完成這件事的人和組織，讓安克日本變得越來越強大。

「絞盡腦汁到極限」，就是充分激發自己的能力。

要積極參與，為達成目標盡一份心力。

暢銷漫畫《七龍珠》中的塞亞人[40]，每次從死亡的邊緣甦醒，戰鬥力就會變強，很像是在商場上，絞盡腦汁到極限的狀況。

絞盡腦汁到極限，就可以帶來成長。

在穩定的環境中，只做自己能力範圍的事，成長就會停止。

是否存在「懊惱」的晴雨表？

我因為前面提到的那次考大學失敗的經驗，體會到遭遇挫折時，是否會發生內心感到懊惱是一件重要的事。

可以將這種懊惱視為晴雨表，如果沒有發生內心感到懊惱，就代表並沒有努力到極限。

奧運選手已經竭盡全力練習，最後仍然只得到銀牌，內心必定懊惱不已。這種懊惱將成為四年後奪金的動力。

如果沒有感到懊惱，必須遺憾地說，下一次仍然會輸。

職業棋士在認輸時，臉上會露出失意的表情。

雖然竭盡全力，持續尋找可以逆轉勝的對策，但終究還是失敗了。

因為即使絞盡了腦汁到極限，思考了所有的可能性，但仍然無力回天。

因為充滿熱忱，才會產生這樣的失意。

40. 編註：日本漫畫家鳥山明名作《七龍珠》的虛構人種，稱號為「戰鬥民族」。

正因為這樣，所以我向來很重視能夠找到更多和自己有相同熱忱的人成為同事。

曾經有一次，公司無法完成預算時，我先向員工承認，「我要對這樣的結果負起所有的責任」，接著問大家：「你們會不會感到懊惱？」

「電視上曾經做過這樣一個節目，由負責開發便利商店商品的人，請職業廚師試吃他們開發的產品，結果遭到嚴厲批評的人懊惱得流下了眼淚，說自己努力不夠。你們會為沒有達成預算感到懊惱嗎？我非常清楚，你們的能力都很強，但你們會懊惱得想哭嗎？」

沒有完成預算，專案失敗了。這種時候，有多少和你一樣，發自內心感到懊惱的夥伴？無論對手是多麼強大的學校，所有棒球少年在甲子園[41]落敗時，都會流下懊惱的眼淚。只要能夠找到這樣的夥伴，就能夠向顛峰邁進。

企業停滯不前的眞正理由

有些人在完成90％的工作時，就會交給上司。他們認為剩下的10％可以和上司邊討論，邊完成，只要最後達到100％就沒問題。

但是，這些人並沒有發揮真正的實力，也許會在無意識中偷工減料，我遇到這種情況時，都會直截了當告訴對方：

「這樣的輸出並沒有百分之百發揮你的能力，希望你重新做一次。」

任何人被要求工作重做都會心情惡劣，但是身為上司的這種回應，才能夠促進團隊成員的成長。

人不可能被所有人喜歡，身居高位時，有時候需要作出一些無情的決定，企業和員工的成長比個人是否受歡迎更重要。

當下屬越來越多，就需要有被討厭的勇氣，一團和氣會影響成長。

某些企業明明很有實力，業績卻停滯不前。

這是因為只要輸出七成實力就「ＯＫ」的風氣在企業內蔓延。

上司明知道下屬只用七成的實力完成工作，卻默認這種狀況，自己也只用七

41. 編註：建設於一九二四年，日本第二古老的職業棒球隊阪神虎隊的主場，同時也是每年春季和夏季兩次舉行全國高中棒球錦標賽的舉辦地。

成的實力向更上一層的上司交差，所有人都只花七分力氣做事，七成×七成×七成……成果就會持續劣化。畢竟人類是追求輕鬆的動物。

在公司組織內，職位越高，越容易陷入腦力勞動引起的疲勞，所以就會貪圖輕鬆。

上司的這種態度會蔓延，成為組織整體的文化。

主管和經營團隊更需要絞盡腦汁到極限，在最後的1%精益求精。

絞盡腦汁到極限的經驗和「完成能力」

在考試前，刻苦用功，最後只考到九十分，和隨便看一下書，最後考了九十分的意義完全不同。

即使從知名大學畢業，在赫赫有名的一流企業工作的人，也經常不願意對工作最後的1%精益求精，放棄努力。

因為要做到這一點，除了優秀以外，還需要有堅持到底的毅力。

在第三章中也曾經介紹，美國賓州大學的心理學教授安琪拉·達克沃斯教授把**能夠持續向目標努力的資質命名為「恆毅力」**。

達克沃斯教授曾經研究過「成功的因素」是什麼。

她以前是企業經營顧問，之後成為教師，她在指導很多學生後，發現了以下的情況。

- 成績優秀的人IQ未必很高。
- 成績不優秀的學生IQ也未必低。

她在發現這種情況後，建立了「**成績好壞和IQ高低無關**」的假設，然後加以驗證，最後發現作出成果的人（成功的人）都有共同的能力。

那就是「堅持到最後的毅力（恆毅力）」。

恆毅力強的人，之後的成績會進步，也會採取積極的行動，成為成功的原動力。即使一開始落後於人，只要有堅持到最後的毅力，即使會花一點時間，也能夠成為第一名。

這就是《恆毅力：人生成功的究極能力》總結出來的結論。

只有具備明確的目標意識，才能夠堅持到底。

如果是在組織內工作，對組織的使命和價值產生共鳴，就可以推動自己堅持到最後。

在工作完成到99.5%，仍然堅持完成最後的0.5%時，「使命×價值」就顯得格外重要。

使命就是公司和組織未來要完成的責任和存在意義，價值就是團隊成員為了實現使命所採取的行動、態度和心態。

對個人而言，就是將來想成為什麼樣的人，**為實現自己的理想，該採取什麼行動。思考如何實現自己的夢想，就成為熱情的源泉。**

03 組織必須「向上看齊」

成長意願會傳染

為了避免誤會，在此補充說明，「向上看齊」並不是配合上司的意思，而是配合表現和成長意願高的人。

一個人的價值觀決定了行動。

當周圍的人都具有「想要成長」的價值觀，而且也實際獲得了成長，就會覺得努力是理所當然的事。

工作態度會傳染。

當周圍人對待完成了99.5％，會繼續努力，完成最後的0.5％時，自己也會很自然地這麼做。

如果周圍都是一些覺得完成八成就很棒的人，自己也會和其他人一樣。

如果周圍都是對成長沒有興趣的人，就會覺得追求成長很愚蠢。

所以，如果想要追求成長，就要在大家都認為成長是一件理所當然的事的環境工作。

我認識的很多經營者在工作上都有強烈的成長意願，每次和有這種心態的經營者聊天，就會受到刺激。

和成長意願高的人在一起，自己也能夠成長。

如果遇見「我也想成為像他那樣的人」的對象，大力推薦和對方積極交流，接觸對方的思考方式和言行，久而久之，就會在不知不覺中，接近對方的思考和行動。

即使很難有機會直接見面，也可以透過對方在社群網站的發文，或是閱讀採訪報導，學習對方的思考方式。

領導者的工作，就是整頓工作環境

當周圍都是優秀的人，就會很自然地成長。

我以前在顧問公司和基金公司工作時，和許多比我優秀的人一起工作，我暗自下定決心，一定要努力學習，獲得成長，有朝一日要追上他們。

因為我曾經身處周圍都是優秀同事的環境，當時的經驗至今仍然受用。

如果想要成長，最好的方法就是和那些絞盡腦汁到極限的人當朋友。因為自己的思考方式和行動會很自然地改變。

舉一個簡單易懂的例子：如果高中就讀的是升學高中，更容易考上一流的大學。

因為升學高中的學生幾乎都想考一流的大學，身處在認為用功讀書是理所當然的文化之中。如果就讀非升學高中的普通高中，一個人默默刻苦用功，以考上一流大學為目標，往往會更辛苦。雖然在知名私立大學的附屬高中，也有人努力考進更理想的國立大學，但是要有堅強的意志力，才能夠持續保持動力。

由此可見，**環境對維持意志非常重要**。

也因此可以得出結論，**主管的工作，就是整頓工作環境**。

可以說，**讓組織整體建立對最後的1%精益求精的習慣，比讓一個人養成對最後的1%精益求精的習慣更簡單**。

團隊中的成員會相互提升，成為積極成長的集團。

如果團隊的成員都向不同的方向努力，或是經營者和幹部各唱各的調，公司就無法成長，也會讓成員感受不到工作的意義。即使有再多優秀的人才，如果公司上下無法團結一心，就無法在商場上獲勝。即使知名的足球隊內都是明星選手，如果所有選手無法齊心協力，就不可能在球場上合作，贏得比賽。

人才決定了勝負

我經常思考「如何成為永續的品牌？」這個問題。

我個人認為，**那就是優秀的產品×能夠從消費者角度看問題的組織和人才**。

讓使命和價值滲透到企業的每一個角落，就是經營者該做的事。

只要所有員工的行動都符合企業使命和價值，就能夠維持心理上的安全性，提升組織的士氣，提升成果的質和量，進而成為更容易邁向顛峰的組織。

我和公司員工在一對一會議時，很高興聽到大家都對我說「公司內有很多優秀的同事」。

雖然我都會問每一名員工：「在你周圍，是否有你認為優秀的人？」這個問題，很多員工在回答他們認為的優秀同事的名字之前，都會對我說這句話。我認為擴大事業就像是獲得優秀的人才，所以今後也會持續下去。

突破高標的體制

和員工開會時，我經常提到要「向上看齊」、「以能幹的人為基準」。日本的社會很重視「平均」。

通常都根據多接近平均值，或是超出平均值多少，來判斷一個人。每年都以各項職務平均水準的員工作為考績的基準。

很多人對於落在平均範圍內感到安心，但這樣的社會也會同時造成個性無法受到肯定，突出的表現很難有活躍的機會。

我認為這和日本的停滯有密切關係。

安克日本鼓勵員工創造高績效，並且配合他們的基準推動工作。組織中，通常會有兩成的人工作表現很優秀，六成的人普通，另外兩成是貢獻度低的人，但安克日本向來以表現突出的那兩成員工作為基準，提升整體的水準。

只要這兩成的人成長，就可以帶來良性循環，帶領大家一起進步。這種切磋琢磨、相互鼓勵，有助於提升整體的水準，所有人都想要更加努力。優秀人才能夠有活躍的表現，帶來持續成長的社會和公司，比無腦追求「平均」更加健全，也更能夠成長。

不能要求優秀的人才變平庸，追求平均，而是要提升整體，提高平均分數。以優秀的人才作為評鑑基礎，有助於促進個人的成長，企業也能夠獲得成長。

三大虛耗——「嫉妒」、「找理由」、「打腫臉充胖子」

相反地，我認為有三件事是在虛耗。

1. 嫉妒

人是對自己匱乏的東西產生興趣的天才。
對自己比對他人更有興趣，才是幸福。

2. 找理由

人是為失敗找理由的天才。
為成功找方法，才是幸福。

3. 打腫臉充胖子

人是自我滿足的天才。
能夠客觀認識自己，才是幸福。

以別人為目標，或是尊敬他人。
設定目標後，思考如何才能做到。
然後為自己的努力鼓掌。
這是正向的感情，很值得歡迎。

但是，有些人會嫉妒他人，
為自己的失敗找理由，
覺得自己曾經努力過就很了不起，打腫臉充胖子，
這是負面的感情，完全沒有生產力。

即使扯別人的後腿，也無法讓自己進步，即使猛打出頭鳥，也無法提升平均分數。

社群網站上，經常可以看到有人做出一些負面的行為，與其有時間去指責別人，不如把時間投資在自我成長上，更具有生產性。

每個人的成長速度不同，所以不要將整體平均化，而是**提升整體的水準，讓所有的鳥都成為出頭鳥**。

無論個人、企業還是國家，如果不這麼做就無法生存。

提升整體水準，可以促進個人和企業的成長，讓提供給消費者的價值最大化。

持續累積小小的成功經驗

有時候努力重訓、減肥了整整一個月，結果一個星期就復胖了。努力沒有留下任何成果，令人惋惜。

在第一章「整體優化習慣」中也曾經提到，持續累積微小的成功經驗，對持續努力很重要。

雖然施加壓力，可以讓成長更迅速，但是如果因此導致疲憊或是整個人垮掉，無法持續下去，就失去了意義。運用第四章「因式分解的習慣」，採取一些小對策，就可以靠些微的壓力獲得成功。

我的使命之一，就是追求公司的營收和利潤最大化，在進公司的一年期間，必須將營收從九億日圓增加到二十億日圓，當時，我也將營收進行了因式分解。

除了在線上增加營收，同時積極增加線下實體門市的營收。

將門市的月營業額從一百萬日圓增加到一百五十萬日圓很辛苦，但是將目前的十家門市增加到二十家門市，就相對比較容易。

在建立營收一百億日圓的目標時，我也分解思考如何才能在亞馬遜的銷售排行榜上提升一個名次，心情就稍微放輕鬆了。這些都是我持續累積小型目標的經驗。

04 「整體優化」和「期待度及滿意度」

如何在優化意識不強的公司內普及整體優化？

第一章的「整體優化習慣」和「對1%精益求精的習慣」有密切關係。

我經常在開會或檢討時，有意識地談論整體優化的問題。

進入安克日本之後，在我的團隊人數還寥寥無幾時，我就經常把「整體優化」掛在嘴上。

下屬向我報告工作時，我有時候會直接指出，「這似乎並不符合整體優化的精神」。

當下屬意識到這件事後，就會改變行為，我可以感受到整體優化的習慣得以逐漸滲透。

每週二下午會舉行全體會議，所有事業部門的主管都要參加，大家一起討論最近的業績。這樣的會議也有助於瞭解其他部門的情況，進而達到整體優化。

每週一會先確認前一週的資料，整理相關狀況後，再來參加週二的會議。

電子商務的市占率每週都會變化，網站搜尋的排名也每天在變化。只要稍微鬆懈，就會立刻落後於人。

安克在行動電源和充電器類產品中一直保持第一名，但第二名到第五名每年都有新的參賽者加入，而且名次的變化很激烈。

即使安克目前保持第一名，但隨時帶著危機感觀察競爭對手的動向，討論如何才能持續第一。在會議上，也會報告新產品的準備狀況和上市後的反應。

新產品上市時，需要很多部門通力合作。以前只要在線上增加銷售頁面就可以解決，但現在必須事先和零售店討論，準備新聞稿，準備門市使用的東西，團隊之間需要更多合作的作業。

在瞭解新商品發布日期後，可以用倒推的方式著手進行準備工作。

全體會議上，所有與會者一起瞭解公司的想法、營收和利潤，以及之後的專案，這是象徵整體優化非常重要的機會。

每一季都會舉行一場全體員工都參加的會議，瞭解各個季度的業績和成果。

會議中，除了跨部門共同瞭解營收和利潤的情況，同時還會分享公司今後的方針。

於是，**所有員工都瞭解**「持續堅守電池市場的第一名」、「新產品也要得第一」等**公司未來的目標**。

同時，也會分享其他專案、新門市等業務狀況，以及將在後面提到的員工滿意度調查結果、公司架構改變的地方等。

這是藉由共同瞭解公司目前狀況，促進全體員工思考整體優化的重要機會。

將整體優化和評價產生連結的方法

當只有數十名員工時，可以努力讓所有人團結一心，促進公司的成長，但是當公司的員工超過一百人時，就不再是一件簡單的事。因為難免會有人試圖以個人利益為優先。

正因為如此，所以我很重視教育和人事制度。

員工的行動是否符合公司的價值？處理工作時，是否意識到整體優化？這些都成為考績的標準。即使創造了龐大的營收，如果團隊之間缺乏合作精神，或是不尊重他人，就會影響考績。

即使在同一家公司內，只要地點和人改變，就要改變必要的規定

我剛進公司時，整個安克創新集團有統一的獎勵制度，並且要求日本也採用相同的方式。具體來說，就是細分所有員工各自負責領域的營收和利潤達成率，由此決定獎金的金額。

但是我極力說明，對人數較少的組織來說，這個提案並不合理，於是在安克日本，除了和企業業績和業務沒有直接關係的部門（後勤部門等）以外，都是根據公司整體的營收和利潤達成率決定獎金。

日本社會善待勞工，無法輕易解僱員工，為了追求公司業績最大化，就需要有整體優化意識，因此，我極力主張評價員工的方法，以及與評價相關的獎勵制

度也必須一致。

也許業績出色的團隊成員會覺得「雖然我們團隊的成果很出色，但獎金不夠多」。

這只是從短期的角度看問題。

事實上，特定的團隊通常很難持續作出成果。

從中長期的角度來看，有時候可能是充電器團隊創造出色的業績，有時候可能是耳機團隊努力作出成績，組織就是相互扶持的地方。

很多外資企業的日本分公司，都按照總公司的意志行事。

但是，安克創新集團在這方面和其他外資企業很不一樣。

身為企業，我們在預算方面會和總公司討論決定，但達成預算的方法基本上由各個市場的負責人和團隊成員自行決定。

瞭解各地區的文化和生意習慣，和消費者和客戶之間的溝通當然就更加順暢，**這樣有助於節省公司內外的溝通時間，有更多時間可以投入新的事物。**

總公司方面認為，只要企業價值中的「合理思考」充分滲透，當地人在第一線作出正確判斷的可能性很高，也對公司整體更加有利。

具有整體優化意識的人能夠升遷的制度

安克創新集團在員工升遷時，採用了「Peer Review」制度。Peer 就是「同事、夥伴」的意思，由並不是上司或團隊成員的其他部門的成員進行評價。

這也是為了達到整體優化而採取的制度。

員工升遷時，直屬上司的評價固然重要，但是其他部門的相關人員也要參與評價。

比方說，電商團隊的成員有機會升遷時，就會請和他在業務上有交集、負責產品行銷或是建立品牌的成員進行評價。

這個制度有助於讓有整體優化意識和行為的人升遷，除了自己的團隊以外，也能夠和相關部門在工作上積極配合。

調整「期待度」及「滿意度」的方法

人事評量時，「期待度」和「滿意度」很重要。兩者有相關關係。

情侶和夫妻吵架的大部分原因，就是期待度和滿意度有落差所致。原本期待對方協助做家事，但對方沒有做，於是內心的不滿就會累積。每次都遲到的人，偶爾準時一次，就會讓人覺得很了不起。相反地，每次都準時的人只要遲到一次，就會讓人心生不滿。

這就是因為期待度和滿意度之間產生了落差。當大家眼中「反正他不可能準時出現」的人準時出現，滿意度就會上升。別人認定「他向來很準時」的人，如果沒有準時出現，滿意度就會降低。

工作也一樣。如果雙方在期待度和滿意度上無法妥協，就會發生爭執。如果期待度是二，滿意度是三，就會滿心歡喜。

如果期待度是四，滿意度是三，就高興不起來。

即使輸出相同，**期待度不同，會導致滿意度不同，如果能夠事先調整這種落差，溝通就能夠更圓滑。**

期待度可以設定在以對方的能力，稍微加把勁，就可以達到的程度。

相反地，如果期待度大幅超越能力，結果就會很不理想。

之前曾經有一次，我為了處理新的專案，以及同時發生了很多問題，忙得焦頭爛額，無法及時處理日常的業務。

我基本上都會及時回覆訊息，所有電子郵件也都會在一個工作日以內回覆。我平時都要求下屬「速度感很重要」，很不希望因為個人判斷，導致工作停滯。團隊成員也有同樣的期待。

於是我就在公司內宣告，「很抱歉，本週有其他需要優先處理的業務，所以訊息都無法及時回覆。」身為上司，要告訴其他人自己做不到，在心情上不是一件容易的事。

因為上司都不希望下屬認為自己的工作處理能力很差。

但是，如果沒有把當時的狀況傳達給下屬，又無法及時回覆訊息，就會影響團隊成員的信賴。

必須瞭解到，**除了要提升滿意度，有時候也需要降低期待度**，可以讓相關人員之間的溝通更順暢。

從「員工滿意度調查」瞭解期待度和滿意度

在我們公司，從只有幾十名員工的時候開始，每半年就會舉行一次員工滿意度調查。

透過滿意度調查，可以瞭解員工對其他同事和組織的意見，進而運用在人事對策上。

這項調查中，會針對各種不同的項目，將員工的期待度和滿意度數值化。

在滿意度調查中發現，員工的期待度和滿意度都很高，這或許是本公司的強項。

「上司富有魅力」、「上司決策速度很迅速」、「公司內有充滿魅力的人才」、「感受到事業的成長性」這些項目每次都得到高分。

日後，我們會致力於讓這些項目好上加好，我很高興公司的員工能力都很優秀，而且為人處事也都很出色，很慶幸能夠和他們一起工作。

和這些同事一起向相同的目標邁進，就可以激發幹勁，而且因為樂在其中，所以成果會更加理想。

雖然要追求完美，但不能過度追求完美。

具體來說，不需要大費周章地改善期待度和滿意度都很低的內容。

因為包括時間和金錢在內，公司的資源隨時都很有限。

改善「期待度高，但滿意度低的項目」的方法

必須認真思考「期待度高，但滿意度低的項目」，因為這代表存在著某些不滿。先著手解決這些優先度高的項目，在處理問題時有輕重緩急，組織會更有效率。

從過去的調查中發現，員工對「多元化工作方式」這個項目的期待度很高，但滿意度很低。

當時，公司所有人都要上午九點進公司，工作時間缺乏彈性，這樣的環境對家有幼兒的員工不夠友善。

於是就採取了彈性上班制度，在新冠疫情之前，就部分引進了遠距工作。目前除了一部分部門以外，其他部門都採取彈性上班制，很多人會利用工作的空檔去托兒所接送小孩。

公開員工滿意度調查的結果，有助於增進員工和公司之間的信賴關係，進而進行改善。雖然無法滿足所有的期待，但是能夠衡量在整體優化的條件下，員工的期待和所能夠投入的成果之間的平衡，思考最佳的改善方法。

根本沒有人使用的措施即使符合整體優化，但因為不合理，所以就加以廢止。比方說，娛樂設施利用制度幾乎沒有人使用，於是就決定廢止，改為設置免費自動販賣機。

同時，努力健全人生大事援助制度，像是公司提供了保母折價券，如果員工子女就讀政府核准的托兒所，每個月就可以補助三萬日圓，努力打造即使生兒育女，也能夠兼顧家庭的工作環境。

新進員工和資深員工一起去吃午餐就免費

最受好評的就是公司的「迎新月」制度。

這是新進員工在進公司後一個月期間，只要和資深同事一起去吃飯，無論吃幾次都免費的制度。

免費用餐、促進同事之間交流的制度有直接的效果，滿意度也很高。

公司也會援助同事之間的懇親會費用，即使同事在下班後相約吃飯，比起花很長時間、花很多錢的方式，「如果不會占用太多時間」的方法，可以降低參加者的心理障礙，而且也可以藉由吃午餐和聚餐，彼此瞭解到對方意外的一面或是思考方式。

即使上司在會議上表達了嚴厲的意見，如果瞭解上司的人品、思考方式和工作態度，接受這些意見的感受也會不一樣。這與期待度和滿意度之間的關係有點雷同。

05 理所當然地做理所當然的事

Google「80／20法則」的教訓

失敗有兩種，一種是有意義的失敗，另一種是必須盡可能避免的失敗。

前面曾經多次提到「維持現狀就是後退」，想要藉由維持現狀逃避的人會放棄挑戰，有些公司會因為員工失敗一次，就從此沒有升遷的機會，再也無法回到步步高升的升遷之路，這樣的公司就會變成「不失敗是正道」的組織。

不失敗其實意味著挑戰次數低。

但是，挑戰後失敗並不是壞事。

Google 以前有所謂「80／20法則」的制度。

「80／20法則」的內容是，「員工可以從每天的工作時間中，抽出20％的時間，投入自己喜歡的專案」。雖然目前改成了「核准制」，但這項制度之前被稱為是Google的「創意源泉」。

比方說，Google在二〇〇九年曾經推出「Google Wave」這項通訊暨協作工具。

那是提供使用者即時交流的系統，當其中一名使用者在群組內製作或是編輯內容時，群組內的其他成員也會即時看到。這個系統還可以記錄對話內容，所以可以用於共同製作同一份文件。

但是，使用「Google Wave」的人數成長緩慢，雖然開發團隊持續改進，但最後在一年後停止開發，媒體也嚴厲抨擊這項服務是以「失敗」告終。

然而，在發現失敗後，就不再投入不必要的投資，把損失控制在最低限度。也沒有任何人因為專案的失敗，就被蓋上了失敗者的烙印。

聽說當時認真挑戰這項新專案的龐大團隊成員中，有人之後在公司內也平步青雲。

在Google Wave開發過程中所誕生的技術，也運用在之後的Gmail等工具上。

看到 Gmail 的成功，就可以發現，包括失敗在內，那次的挑戰為企業帶來很大助益。盡最大努力挑戰後的失敗，可以成為成長的養分。

核准專案的上司要負起失敗的責任，但創造挑戰的環境，也是上司的工作。

把 99.5% 變成 100% 最重要的事

但是，要極力避免粗心導致的失敗。

向媒體傳達的上市日期錯誤、在合約上寫錯地址等這些都是只要小心、細心，就可以防止的錯誤，如果不及時加以重視，日後就會釀成大禍。

安克日本會舉辦進修活動，從過去發生的疏失中學習，預防再次發生。進修活動時，會一起分享為什麼會發生像是在社群媒體上發了錯誤的內容、價格設定錯誤、合約上的誤植、出貨錯誤等疏失，以及發生的過程。

上司對於下屬的失敗，必須瞭解是挑戰後的失敗，還是粗心導致的錯誤。挑戰後的失敗並非壞事。

相反地，不敢挑戰或是隱瞞疏失必須罪加一等。

充分做好原本就該做好的事，對於努力追求100%很重要。

從99.5%提升到100%很困難。

即使所有人齊心協力，終於達到了100%，但如果基礎的10%崩塌，最後就剩下90%。

在努力優化網站介面時，如果網站上一大堆錯字、漏字，就會影響整體評價。

只有做好原本就該做好的事，才能夠成為穩固的基礎。

靈活運用運氣的必要條件

有一句流行的話叫做「讓喜歡的工作陪伴人生」，這原本是YouTube在拍廣告時使用的文案。

雖然很多人將這句話解釋為「從事自己喜歡的工作，就可以謀生」，但是我的理解稍有不同。

「努力想要靠從事自己喜歡的工作謀生，終於獲得了運氣和才華，最後得以實現。」

在自己喜歡的事上追求極致，比投入日常的工作和學習更加辛苦。

二十年前，我是十五歲的學生，沒有任何專長。

十年前，二十五歲的我踏上社會三年，目前三十五歲的我是外資企業的日本法人代表。

我能夠做目前這份工作，運氣遠遠大於我的實力。

人覺得自己能夠勝任某件事時，有時候真的可以做到，但如果覺得自己做不到，就不可能做到。

徹底努力到產生錯覺，以為自己可以做到，錯覺就有可能會變成現實。

我很高興能夠做目前的工作，但是我認為因為制定了目標，才能夠達到目標。

漫畫《第一神拳》[42]中有一句名言。

「並不是所有努力的人都能得到回報，但是，所有成功的人都努力不懈！」

42.編註：日本漫畫家森川讓次創作的少年漫畫作品，自一九八九年起在《週刊少年 Magazine》上連載迄今。日語原名是「はじめの一歩」，意指事物「最初的一步」。

無論在工作上還是運動上，這句話都千真萬確。
站在球場上的打擊區，如果沒有揮棒的實力，即使有絕佳好球投到面前，也無法充分運用這個機會。**運氣和才華固然不可或缺，但是，平時的努力獲得的自信和能力，是成功的必要條件。**

CHAPTER

6

偷懶的習慣

01 整天坐在辦公桌前沒有意義

偷懶有所得

偶爾偷懶，更有助於提升工作的生產力。

也許有人看到這句話，認為與前一章的論調相反。

但是，其實這最後一章，是在實踐「1位思考」時，**很容易忽略、極其重要的內容。**

比方說，有時候在健身房運動，在咖啡廳喝杯咖啡，或是外出散步後，就能夠心情愉快地工作，當精神放鬆時，更容易浮現出妙計。

適度偷懶，有助於提高生產力。

長時間持續坐在辦公桌前，並非總是能夠提高成果。

如前所述，我在考大學時落榜了，高中時，我以為只要長時間用功讀書就好。如果只論讀書的時間，我應該高於順利考上大學的人的平均值。

但是，我幾乎沒有思考「為什麼讀書？」、「上了大學後想做什麼？」等學習的目的，而且也沒有建立「從什麼事開始著手，怎樣讀書才更有機會考上？」的假設，也無法改善讀書的方法。

雖然我長時間用功，但想要考上大學的想法不夠強烈，當然不可能成功。

以「成果公式」來說，我缺乏「使命×價值」的部分，沒有提升品質，只是全力投入大量時間增加「量」的部分。

【成果公式】

成果＝「輸入×思考次數×試錯次數÷時間」×「使命×價值」

＝「　質　×　量　÷時間」×「使命×價值」

名爲「感覺工作很努力」的惡魔

工作也一樣。

工作時間長並沒有意義。

在「成果公式」中，「輸入×思考次數」的「質」的部分，和試錯次數的「量」的部分很重要，為此，應該盡可能縮短需要耗費的時間。

如果工作速度比別人慢，為了彌補而所投入的時間固然有意義，但是沒有目的地投入生產力低的長時間勞動沒有意義。

為了賺加班費而坐在辦公桌前，卻沒有任何輸出的人更是不值得一談。

也許有些企業會對那些雖然成果很低，但「感覺工作很努力」的人給予肯定。

雖然我能夠理解這種覺得「沒有功勞，也有苦勞」的心情，但是我認為靠短時間的工作作出高度成果的人，對企業成長的貢獻度更高，這種人更應該受到肯定。

上司對工作效率差，長時間工作，沉浸在「工作很努力的感覺」之中的下屬，需要充分加以指導，而且團隊成員的表現和改善效率，也必須列入對上司的評價項目。因為身為主管，除了自己的工作表現以外，還要對整個團隊的結果負起責任。

如果從團隊整體、部門整體，甚至是企業整體的角度來看，就不僅是特定成員的評價問題，正視這個問題，甚至可能有助於提升整個企業的評價。

遠距監視器是愚蠢至極的方法

我從新聞報導中看到，新冠疫情後，很多公司都採用遠距工作的方式，企業也開始研究是否要引進監視工具，我個人認為這是極其愚蠢的措施。

建立在過度性惡論基礎上的管理所帶來的負面影響，遠遠超過正面影響。不信任員工這件事本身，就會讓員工感到不滿，也會對公司產生不信任。而且這種做法的目的，是督促員工坐在桌子前，而不是作出成果。

在一些重要的流程上，企業的確需要統一管理，但是如果不信任員工，在所有問題上都基於性惡論建立規定，就會造成很多虛耗。

容我再次重申，**工作就是必須作出成果，企業必須為員工提供有助於作出成果的環境**。

只要有助於作出成果，即使員工在遠距工作時邊聽音樂、邊看電影邊工作也完全沒問題。不需要開會的時候，可以去健身房稍微運動一下，整個人感到神清氣爽後，再坐在桌前工作。無論工作還是學習，如果整天只是坐在桌子前，只會覺得自己很努力。

不努力不可能有成果，但光是努力，並無法獲得肯定。

眺望夜空，確認星星的位置

想要作出成果，就不能迷失目的。

「成果公式」中最重要的是，必須用「輸入×思考次數×試錯次數÷時間」這種作出成果的方法，乘以「使命×價值」這種努力的方向性。

偷懶的時間、放鬆的時間可以用來確認目的。

自己為何而工作？

自己目前所做的工作，會以何種方式更接近目標？

在黑暗的森林中奔跑，明明想要往南跑，有時候卻會跑向北方。

必須停下腳步，眺望夜空，根據星星的位置，確認自己想去的方向。

除了工作，人生其實也一樣。

必須定期找機會回顧，自己目前的行動是否有助於實現自己的理想。

一旦陷入忙碌，就會停止思考。在處理眼前的工作，或是處理問題時，往往會專心投入，時間和勞力都消耗在這些事上。

雖然在處理的當下無可奈何，**但不妨在適度偷懶時退一步思考，「自己目前是否真的走在想要走的路上？」**

有些人一遇到困難就放棄，或是做事三分鐘熱度，是因為他們並沒有在做自己想做的工作，對目前所做的事缺乏熱情。

不妨適度偷懶，從俯瞰的角度注視自己，喚醒真正的自己。

每週安排一天「無會議日」

忙碌的忙這個字，就是「心亡」了。

每天忙於工作，很容易讓自己的視野變得狹窄。

尤其忙碌的時候，很容易失去第一章的「整體優化習慣」，和第二章的「創造價值習慣」。

這就像是太投入眼前一百萬日圓的工作，沒有發現未來一億日圓的工作。

比方說，太專注於提升市占率第一的 Micro USB 傳輸線的營收，沒有及時打進 USB Type-C 的市場，就會帶來很大的風險。

從「提升傳輸線的營收」這個更高的視野思考，Micro USB 傳輸線只是將營收因式分解後的一個很小的要素，如果只執著於這件事，就會失去大局觀。

我會定期為自己安排檢視座標軸的時間，舉例來說，我將每週三定為無會議日。

以前我從週一到週五的行程都滿檔，每天都有十幾個會議或面試，雖然在短時間內可以增加輸出，但我認為這種狀況持續，會影響中長期的表現，於是我把自己的想法告訴下屬，把星期三定為無會議日。

在刻意留下空白後，讓我有時間從中長期的角度思考公司經營。

而且，在心情上也有了餘裕，有專心學習的時間，更有機會走出公司，和各式各樣的人見面。

暫時擺脫安克日本這個狹小的框架，和其他人談論經營、經濟等更大的主題，就可以重新認識安克日本的未來。

有時候參加一些活動時，發現新的潮流，發現了學習和反學習的必要性。

對經營者來說，短期的營收當然很重要，但公司中長期的成長更加重要。

如果只注重收割，卻不播種，公司就無法永續經營。

從短期的角度思考，**無會議日的決定很不合理，但從中長期來看，就很合理**。

這裡也存在著「**不合理的合理**」。

靈光閃現的瞬間

放鬆時，腦海中會出現很多靈感。

我身為經營者，經常思考「如何才能提升營收和利潤」這個問題，但十之**八九是在偷懶的時候想到具體的點子**。

在練肌力時，或是沖澡時，很容易靈光閃現，我馬上就會用手機記錄。可能是因為在放鬆的時候，大腦會整理各種資訊，想到出色的點子。在偷懶的時候，大腦就會適度重新活化，思考速度會放慢，資訊紛紛歸位或是歸類。各種不同的資訊會有效地連結，更容易從整體優化的角度思考。將棋名人賽等長時間對弈時，棋士會在對弈中離席。

棋士會坐在比賽場地內的沙發上閉目養神，也有棋士會在走廊上踱步，或是走樓梯。因為有時候不是緊盯棋盤，而是暫時放下棋局，反而更容易獲得新的靈感。

「七小時」睡眠可以消除疲勞

以前在顧問公司任職時，有一段時期，我每天都工作到深夜。當時的工作時間更長，但反而是身為經營者的現在，大腦感覺更加疲勞。原因就在於用腦的方式不一樣。

在顧問公司時，基本上只負責一、兩個專案，而且自己在專案中負責的部分很明確。在製作提案報告或資料時，都會和經理討論，然後花很多時間用 PowerPoint 或 Excel 製作，最重要的是，在交給客戶之前，上司都會審查過目。

我目前所做的工作當然沒有人會審查。

要做哪些工作，才能完成營收和利潤目標？如何交付給下屬？我必須自行思考這些問題。

一旦作出錯誤的判斷，就會影響業績，最糟糕的情況，甚至可能會影響員工的生活，而且這些員工都需要養家。在作出必須負起責任的判斷時，就需要努力思考，大腦的疲勞程度當然就不一樣。

以前在顧問公司時，最忙的時候曾經連續多日每天只睡四個小時，現在都努力確保七個小時的睡眠。

傑夫．貝佐斯每天睡八小時的告白

不是只有我而已，許多經營者都很重視睡眠。

亞馬遜的創辦人傑夫．貝佐斯在他的著作《創造與漫想：亞馬遜創辦人貝佐斯親述，從成長到網路巨擘的選擇、經營與夢想》[43]中提到以下的內容。

「我要睡八個小時，除非是去有時差的地方，否則都會以睡眠為優先。雖然有時候睡不到八個小時，但我很重視睡眠這件事。我需要八小時的睡眠，只要睡得好，思考就很順暢，也很有精神，心情也會很好。」

「假設只睡四個小時，於是就會多出四個小時所謂的『具有生產力』的時間。如果原本每天工作十二小時，就會一下子增加四個小時，變成有十六個小時的工作時間，可以增加百分之三十三的時間做決定。如果之前只能作出一百個決定，就可以再多決定三十三件事。

「但是，如果因為疲勞或是精神不濟，導致作出的決定品質下降，這些多出來的時間真的有價值嗎？」

貝佐斯藉由確保充足的睡眠時間，維持判斷的品質。

睡眠時間減少，身體容易疲勞，會影響判斷力，經營者要努力保持大腦處於神志清醒的狀態，才能確保隨時都能夠作出冷靜的判斷。睡眠是「成果公式」中「輸入×思考次數×試錯次數÷時間」的源泉。

智力是必要條件，體力是充分條件

無論腦袋再靈光，如果不運用，就無法得到成功。

即使「輸入×思考次數」再多，**如果「試錯次數」是零，表面上不會發生任何變化。**

43.編註：Invent and Wander: The Collected Writings of Jeff Bezos, With an Introduction by Walter Isaacson，Jeff Bezos，二〇二〇／天下雜誌，二〇二一。

實際動手分析，或是動腳走去現場，就可以提升工作的品質。試錯的源泉是體力，健康最重要，一旦失去健康，就等於失去了一切。

一旦發燒，就會影響表現；一旦受傷住院，住院期間就無法工作。再優秀的人，一旦臥床不起，就無法做任何事。

至於運動方面，我在前面提到，在初中、高中時參加了將棋社，但其實在高中時，我還同時參加了室內五人制足球社。

美國的大學沒有五人制足球社，於是我就和學長一起創立了新的社團。

雖然大學有足球社，但必須每天都參加嚴格的訓練。

我在留學期間除了要努力學英文，而且讀書也必須加倍用功，於是我就和學長創立了新的社團，只有在週五和週六晚上輕鬆練習，消除運動不足的情況。

現在很少有機會玩五人制足球，但我開始做重訓作為替代的運動。

重訓容易有成就感，而且也可以消除壓力，也許讀者中也有很多人藉由重訓進行身心的健康管理。只要能夠進行健康管理，任何方法都沒問題。

一旦體力和健康出了問題，就破壞了「成果公式」的前提，避免這種情況發生，當然是最重要的事。

02 懂得偷懶，才會有好結果

頭腦聰明並不一定能夠作出成果

很多人雖然頭腦聰明，卻並沒有成功。

頭腦聰明，並不代表一定能夠成功。

並不是所有ＩＱ高的人都能夠考上東大，或是在世界級的企業作出成果。相反地，有些人雖然讀書的時候成績不好，但因為持續努力，最後獲得了成功。

在第五章提到，兩者之間的差異就在於「恆毅力」。

童話「龜兔賽跑」中，最後是烏龜獲勝，持續的努力比與生俱來的才能更有助於獲得成功。

重訓應該是最易懂的例子，據說只要不運動兩週，肌肉就會減少兩成。

雖然有些人天生就很容易長肌肉，但如果不做重訓，不可能臥推超過一百公斤。

這個世界上沒有可以輕鬆工作的方法、輕鬆學英文的方法，也沒有輕鬆練出強壯肌肉的方法。

雖然沒有效率的努力會浪費時間，但過度追求捷徑，也是時間的浪費。

「彎道超車」有時候反而更耗時間。

在決定方向之後，腳踏實地累積，反而能夠更早抵達終點。

當然，即使這麼做，有時候也未必能夠成功。

遇到這種情況，也可能會讓人心灰意冷。

「恆毅力」和偷懶有密切關係

正因為如此，持續努力的過程中，需要適度偷懶。

「恆毅力」和偷懶並非對立關係，反而是相關的關係。

在達成目的的要素中，也包含了睡眠和休息，只有充分的睡眠和休息，才能維持最佳狀態。

安克日本在引進彈性工作制和遠距工作後，生產力獲得提升，彈性的工作方式讓員工的心情更有餘裕。

「稍微睡一下午覺」、「去喝杯咖啡」，雖然不同員工使用空檔的方式各不相同，但都更積極對成果做出了貢獻，所以完全沒有影響成果。

羽生善治先生在對弈前，都一定讓大腦休息，以便在對弈時能夠更專心。據說他會讓腦袋放空，讓自己有發呆的時間，這應該是他為正式比賽時培養專注力的方法。

目標太高，無法持續的時候怎麼辦？

有時候目標設定得太高，導致很難持續下去。

遇到這種情況時，秘密就在於設定「**只需要稍微努力**」的小目標。

二〇〇九年，醫學雜誌《歐洲社會心理學雜誌》（European Journal of

Social Psychology）中的一項關於人類習慣的研究中，出現了「平均六十六天」這個數字。

倫敦大學的費莉帕．勒理博士的團隊，以九十六位二十一歲到四十五歲的學生為對象，要求他們在八十四天期間，每天都重複一次新的習慣，調查人類如何建立習慣。這項調查發現，**養成一個習慣最短要十八天，最長是兩百五十四天，平均需要六十六天**。

哪些行為能夠在短時間養成習慣？哪些行為不容易變成習慣？

根據調查發現，「午餐時喝一瓶水」這種簡單的行為，很容易養成習慣。「早晨喝完咖啡後，做五十次仰臥起坐」這種難度較高的行為，需要更長時間才能夠養成習慣。

在累積「小小的成功經驗」章節中也提到，最重要的是從小目標開始做起。重訓在初期階段很辛苦，但隨著漸漸有了肌肉，或是可以舉起四十公斤的槓鈴，這種小小的成功經驗可以讓人繼續努力。

不知道各位在重訓的日子，是否曾經想過「既然今天做了重訓，就少吃點碳水化合物，多攝取蛋白質」？

在這種小事上也記得多稱讚自己，就可以大大提升持續力。

簡單的「習慣公式」

除了有「成果公式」以外，還有「習慣公式」。習慣公式就是「**目的×微小的反覆**」。

習慣＝目的 × 微小的反覆

在描繪巨大藍圖的同時，累積小小的成功經驗。

如果設定了每天可以執行的小步驟，卻無法持續，很可能是沒有描繪出巨大的藍圖，或是內心並沒有真正想要完成巨大的藍圖。

如果描繪了巨大的藍圖卻無法持續，可能是因為並沒有將行動區分成自己力所能及的步驟。

重要的是建立第四章的「因式分解的習慣」。

「瞭解」才能夠「拆分」，「瞭解」才能夠採取對策。

我們一直以所有的產品都成為市占率第一名為目標，但是市場上有很多強大的競爭對手，這個目標無法在一朝一夕完成。

於是，我們根據第四章的「4P分析」建立許多小對策，至於我個人，則是不時適度偷懶，堅持到今天。

最後，我們的產品在很多類別中，都在數量上獲得了市占率第一名。

我也在三十四歲成為外資企業的日本代表。

我認為這是因為我為個人和企業都描繪了巨大的藍圖，兢兢業業執行這些小小的對策，才能獲得這樣的成果。

正如我在〈前言〉中提到，**每個人都想稱霸，想得第一**。

如果有人看了這本書，覺得「原本我覺得不可能做到，但還是努力看看！」我將會感到莫大的幸福。

只要「1位思考」和構成的「六大習慣」中極其一小部分，能夠帶給各位讀者參考，我都會感到欣慰。

結語

感謝各位看完這本書。

人生就是一次又一次的逆轉。

小時了了，大未必佳。在小學最優秀的人，上了國中、高中、大學，甚至踏入社會後，未必能夠持續保持第一名，這種人反而很難得一見。

也許有人認為我在同世代中，算是比較成功的人，但是在初中和高中時代，我無論在任何領域都從來沒有得過第一名，而且考大學時，也沒有考上第一志願。

即使晚起步，也可以勇奪第一。

這就是我想要寫這本書最大的動機。

雖然看似繞了遠路，但也因此培養了競爭對手所沒有的技巧，讓我能夠超越其他人。

從客觀的角度瞭解自己的不足，並且持續學習，雖然乍看之下好像在繞遠路，但很可能是在走捷徑。不要只看到現狀中的選項，在選擇職業的同時，拓展學習的範圍，形成幾年後的自己。

花兩、三年的時間冒險拚一下，稱不上是風險。

我二十七歲時進入安克日本。

原本在顧問公司、基金公司任職的我，進入了完全沒有知名度的外資企業。

也許有人會說我當初的選擇「走了一條危險的路」。

但是，我當時認為「萬一失敗了，我也才三十多歲，有很多機會可以重新站起來，更何況這是建立千載難逢的資歷的大好機會！」

各位讀者看了本書之後，只要建立「1位思考」和「六大習慣」，意識就會發生改變。

【成果公式】

成果＝「輸入×思考次數×試錯次數÷時間」×「使命×價值」

＝「質　×　量　÷時間」×「使命×價值」

牢記本書中多次提到的「成果公式」，思考「我幾年後會變成什麼樣？」、「為了成為理想中的自己，我現在該做什麼？」然後付諸行動。於是，你就可以進入成長循環。

挑戰永遠都不嫌遲。

我相信只要反覆進行學習和反學習，無論活到幾歲，都可以持續成長。

《哈佛商業評論》針對美國人口普查局的資料進行調查後發現，在創業五年後，成長率進入頂尖0.1％的新創公司創業者，創業時的平均年齡為四十五歲。

許多經營者在成為人生的高年級生後獲得了成功。

哈蘭・桑德斯[44]在六十五歲時才創立肯德基，雷・克洛克[45]在五十二歲時才從麥當勞兄弟手上獲得了他們漢堡連鎖店的經營權。

如果各位讀者能夠透過「1位思考」，讓人生更加豐富，繼續向前邁進，將是我莫大的榮幸。

看了本書之後，想要實踐「1位思考」和「六大習慣」的人，以及已經實踐的人，很希望能夠聽到各位的寶貴意見和感想。

同時也歡迎和我討論如何在商場上實踐更具體的「1位思考」。

【連絡信箱】mail@endoayumu.com

最後感謝在本書寫作過程中，提供協助的各位朋友。

在此謹向負責本書從企畫到編輯工作的鑽石出版社寺田庸二先生，協助編輯工作的橋本淳司先生、裝幀的山影麻奈小姐、內文設計、排版的吉村朋友小姐，以及校對的加藤義廣先生和宮川咲小姐表達感謝。

同時，也要感謝一直以來，和我一起努力的安克同事，以及平時支持我的所有朋友，因為有你們，才有今天的我，我才有機會完成這本書。

猿渡 步

44. 編註：Harland David Sanders，一八九〇～一九八〇，外號桑德斯上校、肯德基爺爺，是美國企業家、國際連鎖速食店肯德基的創始人。

45. 編註：Raymond Albert "Ray" Kroc，一九〇二～一九八四，美國企業家，生於伊利諾州。一九五五年，他接管了當時規模很小的麥當勞公司的特許權，將其發展成全球最成功的快餐集團之一。

卷末大放送：通過面試的十大秘訣

第二章「創造價值的習慣」中，
介紹了「為自己創造價值的方法」。
但是，面對一份無法讓自己想要努力的工作，
往往很難有持續的動力。
所以我在最後，分享在大學畢業和換工作接受面試時，
向面試官傳達自己價值的十大秘訣，
協助本書的讀者找到理想的工作。

這些都是我在大學畢業時就意識到的心法，
當時我只應徵了幾家公司，

但都收到了錄取通知。

最近幾年，

在擔任安克日本法人代表期間，

每年會面試超過一百個人，

站在經營者的立場也同樣發現，

只要貫徹這十大秘訣，

無論在任何行業，

都一定能夠突破錄用面試。

希望各位掌握能夠充分傳達自己價值的武器。

ES（求職申請表）、履歷表對策五大秘訣

①清點自己想做的事

在列出具體的企業名字之前，先思考自己目前想要做什麼，幾年後的目標又是什麼。不必太明確也沒有關係，首先鎖定能夠達成目標的行業和工作。每個人的標準不同，也可以從企業文化等標準挑選企業。

②徹底調查自己關心的企業

除了瀏覽企業的網站，如果是上市公司，也要閱讀有價證券報告書等提供給投資人參考的資料。有了充分的準備，就能夠在面試時對答如流，避免被一些只要稍做調查，就可以知道的問題問倒。同時，深入調查有助於減少在最後關頭才發現，那家企業並不符合自己興趣的情況。

③不必廣寄求職申請表

光是清點自己想做的事和調查企業就會耗費不少時間，所以不需要廣寄應徵信，而是減少應徵的企業家數。

廣寄應徵這種事，人人都可以做到，但是並不是每個人都能夠努力提升錄取率。這就是和競爭對手的差別化。

這麼做除了可以提升效率，更能夠全力以赴，挑戰自己真正想要加入的企業，就能夠不留下遺憾。

④傳達自己的獨特性

「打工時擔任組長」這種很多人都會寫的內容，其實根本沒有意義。面試官看太多這種內容了，所以完全沒有加分效果。

相反地，如果曾經完成什麼有點難度的事，或是有其他人所沒有的經驗，無論是任何領域的事，大小規模也不拘，都更容易讓面試官認為是能夠努力面對困難的人。

而且面試官也很忙，都是抽出工作的空檔進行面試，因此並不是鉅細靡遺、寫得越詳細越好，隨時思考內容是否必要，同時夠充分。

⑤絕對要避免錯字和漏字

一旦有錯字和漏字，就會讓面試官覺得連簡單的工作都做不好。即使有出色的成績，只要有多項這種疏失，很可能會因此被刷掉。

在寄出資料前，一定要徹底檢查。首先要做好這些基本的工作。如果連簡單的事都做不好，別人怎麼可能交付有難度的工作？

面試對策五大秘訣

①帶著「自信」去面試

面試時的態度和整體感覺，比說話的內容更加重要。
要帶著「我這麼優秀，不錄取我太可惜了！」的自信去面試。
如果缺乏自信，整個人會顯得畏畏縮縮，完全沒有幫助。
（當然，也不能表現出目中無人的態度。）
即使是競爭率很高的企業，對其他應徵者來說也一樣。

②最初的五分鐘是關鍵，看著面試官的眼睛，充滿活力地回答

第一印象非常重要，幾乎可以認為，最初的五分鐘決定了是否會被錄取。
在瞭解面試者的能力之前，面試官可以憑感覺知道，對方是否適合這家公

司。在三十分鐘面試中，對面試官來說，剩下的二十五分鐘只是藉由深入發問，確認自己的感覺是否正確。

當然，面試官在聽取答案的過程中，也可能中途改變印象。

③配合面試官說話的速度

有時候，讓面試官聽清楚自己說話的內容，比說什麼內容更重要。尤其是公司董事級的人物，往往個性很急躁，當面試官語速很快時，配合對方加快語速，能夠給對方留下好印象。

相反的情況也一樣。

④以學長、姊的意見爲立足點

有些面試官會促狹地問：「你如果去其他公司，不是也可以做相同的事嗎？」這種問題。

有時候的確並不是非這家公司不可，在其他公司也可以做同樣的工作，遇到這種情況時，最有效的對策就是事先拜訪學長、姊。

以在這家公司上班的學長、姊的意見為立足點，說明自己想要進這家公司的理由和自己想做的事，可以增加說服力，即使面試官的問題本身並不合理，也可以準備一些「像樣」的回答。

必須很遺憾地說，面試官的程度參差不齊，但面試的目的就是為了合格，所以必須隨時提醒自己，面試官的期待值是什麼，以及如何才能有機會超越他們的期待值。

⑤面試官最後問：「請問你有什麼問題嗎？」的時候，絕對要發問

如果不發問，面試官就會認為你對這家公司沒有太大的興趣。

即使在上一輪面試時，已經進一步瞭解了公司的業務內容，當換了面試官之後，即使問相同的問題，也絕對可以得到新的資訊。

即使是同樣的問題，不同職位的人，回答也會不一樣，如果是關於公司風氣的問題，就可以確認員工之間是否有共識。

参考文献

- 羽生善治著『大局観——自分と闘って負けない心』（KADOKAWA）
- 金谷治訳注『論語』（岩波書店）
- D・カーネギー著、山口博訳『人を動かす【文庫版】』（創元社）
- 内田和成著『仮説思考——BCG流問題発見・解決の発想法』（東洋経済新報社）
- 安宅和人『イシューからはじめよ——知的生産「シンプルな本質」』（英治出版）
- アンジェラ・ダックワース著、神崎朗子訳『やり抜く力——人生のあらゆる成功を決める「究極の能力」を身につける』（ダイヤモンド社）
- 羽生善治著『直感力』（PHP研究所）
- 神谷哲史著、山口真編、立石浩一訳『神谷哲史作品集』（おりがみはうす）
- パティ・マッコード著、櫻井祐子訳『NETFLIXの最強人事戦略——自由と責任の文化を築く』（光文社）
- 三木谷浩史著『成功の法則92ヶ条』（幻冬舎）
- ジェフ・ベゾス著、ウォルター・アイザックソン序文、関美和訳『Invent&Wander——ジェフ・ベゾスCollected Writings』（ダイヤモンド社）

國家圖書館出版品預行編目資料

1位思考：後來居上，成為職場No.1的高成長習慣／猿渡 步 著；王蘊潔 譯 --初版.--臺北市：平安文化,2024.6 面；公分. --(平安叢書；第798種)(邁向成功；100)
譯自：1位思考——後発でも圧倒的速さで成長できるシンプルな習慣
ISBN 978-626-7397-44-2 (平裝)

1.CST: 職場成功法

494.35 113005853

平安叢書第0798種
邁向成功叢書 100

1位思考

後來居上，成為職場No.1的高成長習慣

1位思考——後発でも圧倒的速さで成長できるシンプルな習慣

1 I SHIKO —— KOHATSU DEMO ATTOTEKI HAYASA DE SEICHO DEKIRU SIMPLE NA SHUKAN by Ayumu Endo
Copyright © 2022 Ayumu Endo
Traditional Chinese translation copyright ©2024 by PING'S PUBLICATIONS, LTD.
All rights reserved.
Original Japanese language edition published by Diamond, Inc.
Traditional Chinese translation rights arranged with Diamond, Inc.
through AMANN CO., LTD.

作　　者—猿渡 步
譯　　者—王蘊潔
發 行 人—平　雲
出版發行—平安文化有限公司
台北市敦化北路120巷50號
電話◎02-27168888
郵撥帳號◎18420815號
皇冠出版社(香港)有限公司
香港銅鑼灣道180號百樂商業中心
19字樓1903室
電話◎2529-1778　傳真◎2527-0904
總 編 輯—許婷婷
執行主編—平　靜
責任編輯—蔡維鋼
行銷企劃—鄭雅方
美術設計—Dinner Illustration、單　宇
著作完成日期—2022年
初版一刷日期—2024年6月

法律顧問—王惠光律師
有著作權・翻印必究
如有破損或裝訂錯誤，請寄回本社更換
讀者服務傳真專線◎02-27150507
電腦編號◎368100
ISBN◎978-626-7397-44-2
Printed in Taiwan
本書定價◎新台幣380元/港幣127元

• 皇冠讀樂網：www.crown.com.tw
• 皇冠Facebook：www.facebook.com/crownbook
• 皇冠Instagram：www.instagram.com/crownbook1954
• 皇冠蝦皮商城：shopee.tw/crown_tw